HUANBAO WANXIANG

# 环保万象

袁清林　**主编**

广西科学技术出版社

**图书在版编目（CIP）数据**

环保万象 / 袁清林主编. — 南宁：广西科学技术出版社，2012.8（2020.6重印）

（绘图新世纪少年工程师丛书）

ISBN 978-7-80619-869-8

Ⅰ．①环… Ⅱ．①袁… Ⅲ．①环境保护—少年读物 Ⅳ．①X-49

中国版本图书馆 CIP 数据核字（2012）第 192506 号

绘图新世纪少年工程师丛书

**环保万象**

HUANBAO WANXIANG

袁清林　主编

| | | | |
|---|---|---|---|
| **责任编辑** 罗煜涛 | | **封面设计** 叁壹明道 | |
| **责任校对** 吴　宇 | | **责任印制** 韦文印 | |

**出 版 人**　卢培钊

**出版发行**　广西科学技术出版社

　　　　　　（南宁市东葛路 66 号　邮政编码 530023）

**印　　刷**　永清县晔盛亚胶印有限公司

　　　　　　（永清县工业区大良村西部　邮政编码 065600）

**开　　本**　700mm×950mm　1/16

**印　　张**　14

**字　　数**　180 千字

**版次印次**　2020 年 6 月第 1 版第 5 次

**书　　号**　ISBN 978-7-80619-869-8

**定　　价**　28.00 元

# 序

在21世纪，科学技术的竞争、人才的竞争将成为世界各国竞争的焦点。为此，许多国家都把提高全民的科学文化素质作为自己的重要任务。我国党和政府一向重视科普事业，把向全民，特别是向青少年一代普及科学技术、文化知识，作为实施"科教兴国"战略的一个重要组成部分。

近几年来，我国的科普图书出版工作呈现一派生机，面向青少年，为培养跨世纪人才服务蔚然成风。这是十分喜人的景象。广西科学技术出版社适应形势的需要，迅速组织开展《绘图新世纪少年工程师丛书》的编写工作，其意义也是不言自明的。

青少年是21世纪的主人、祖国的未来，21世纪我国科学技术的宏伟大厦，要靠他们用智慧和双手去建设。通过科普读物，我们不仅要让他们懂得现代科学技术，还要让他们看到更加灿烂的明天；不仅要教给他们一些基础知识，还要培养他们的思维能力、动手能力和创造能力，帮助他们树立正确的科学观、人生观和世界观。《绘图新世纪少年工程师丛书》在通俗地讲科学道理、发展史和未来趋势的同时，还贴近青少年的生活讲了一些实践知识，这是一个很好的思路。相信这对启迪青少年的思维，开发他们的潜在能力会有帮助的。

如何把高新技术讲得使青少年能听得懂，对他们有启发，对他们今后的事业有作用，这是一门学问。我希望我们的科普作家、科普编辑和科普美术工作者都来做这个事情，并且通力合作，争取为青少年提供更多内容丰富、图文并茂的科普精品读物。

《绘图新世纪少年工程师丛书》的出版，在以生动的形式向青少年

绘图新世纪少年工程师丛书

读者介绍高新技术知识方面做了一次有益的尝试。我祝这套书的出版获得成功。希望广西科学技术出版社多深入青少年读者，了解他们的意见和要求，争取把这套书出得更好；我也希望我们的青少年读者勤读书、多实践，培养科学兴趣和科学爱好，努力使自己成为21世纪的栋梁之才。

周光召

# 编者的话

　　《绘图新世纪少年工程师丛书》是广西科学技术出版社开发的一套面向广大少年读者的科普读物。我们中国科普作家协会工交专业委员会受托承担了这套书的组织编写工作。

　　近几年来，已陆续有不少面向青少年的科普读物问世，其中也有一些是精品。我们要编写的这套书怎样定位，具有什么样的特色，以及把重点放在哪里，都是摆在我们面前的重要问题。我们认为，出版社所提出的这个选题至少有三个重要特色。第一，它是面向青少年读者的，因此我们在书的编写中应尽量选取他们所感兴趣的内容，采用他们所易于接受的形式；第二，这套书是为培养新世纪人才服务的，这就要求有"新"的特色，有时代气息；第三，顾名思义，它应偏重于工程，不仅介绍基础知识，还对一些技术的原理和应用做粗略的描述，力求做到理论联系实际，起到启迪青少年读者智慧，培养创造能力和动手能力的作用。

　　要使这套书全面达到上述要求，无疑是一项十分艰巨的任务。为了做好这项工作，向青少年读者献上一份健康向上、有丰富知识的精神食粮，我们组织了一批活跃在工交科普战线上的、有丰富创作实践经验的老科普作家，请他们担任本套书各分册的主编。大家先后在一起研讨多次，从讨论本套书的特色、重点，到设定框架和修改定稿，都反复研究、共同切磋。在此基础上形成了共识，并得到出版社的认同。这套书按大学科分类，每个学科出一个分册，每个分册均由5个"篇"组成，即历史篇、名人篇、技术篇、实践篇和未来篇。"历史篇"与"名人篇"介绍各个科技领域的发展历程、趣闻铁事，以及为该学科的发展作出杰出贡献的人物。在这些篇章里，我们可以看到某一个学科或某一项技术从无到有，从幼稚走向成熟的过程，以及蕴含在这个过程里的科学精神、科学思想和科学方法。这些对于青少年读者都将很有启发。"技术篇"是全书的重点，约占一半的篇幅。在这一篇里，通过许多各自独立又互有联系的篇目，一一介绍该学科所涵盖的一些主要的、有代表性的技术，使读者对此有一个简单的了解。"实践篇"是这套书中富有特色的篇章，它通过一些实例、实验或应用，引导我们的读者走近实践，并增加对高新技术的亲切感。读完这一篇之后，你或许会惊喜地发现，原来高新技术离我们并不遥远。"未来篇"则带有畅想、展望性质，力图通过科学预测，向未来世纪的主人——青少年读者们介绍科技的发展趋势，以达到开阔思路、启发科学想像力和振奋精神的作用。

在这套书中，插图占有相当大的篇幅。这些插图不是为了点缀，也不只是为了渲染科学技术的气氛，更重要的是，通过形象直观的图和青少年读者所喜闻乐见的表现形式去揭示科学技术的内涵，使之与文字互为补充，互相呼应，其中有些图甚至还起到比文字更易于表达意思的作用。应约为本套书设计插图的，大都是有一定知名度的美术设计家和美术编辑。我们对他们的真诚合作表示由衷的感谢。

尽管我们在编写这套书的过程中，不断切磋写作内容和写作技巧，力求使作品趋于完美，但是否成功，还有待读者来检验。我们希望在广大读者及教育界、科技界的朋友们的帮助下，今后再有机会进一步充实和完善这套书的内容，并不断更新其表现形式。愿这套书能陪伴青少年读者度过他们一生中最美好的时光，成为大家亲密的朋友。

这套书从组织编写到正式出版，其间虽几易其稿，几番审读，但仍难免有疏漏和不妥之处，恳请读者批评指正。我们愿与出版单位一起，把这块新开垦出来的绿地耕耘好，使它成为青少年读者流连忘返的乐土。

**中国科普作家协会工交专业委员会**

# 目　录

**历史篇** ······ （1）

我国最早的环保机构和法律 ······ （2）

从榆溪塞到"三北"防护林 ······ （5）

从雾都到无烟城 ······ （8）

变水害为水利的奇迹 ······ （11）

沉沦与复苏的河流 ······ （14）

沙漠之战 ······ （17）

大地沧桑 ······ （20）

伙伴的今昔 ······ （22）

**名人篇** ······ （25）

世界上第一位环境部长——伯益 ······ （26）

达尔文的重要发现 ······ （28）

注重资源保护的科学家——竺可桢 ······ （31）

现代环境保护的先驱——卡逊 ······ （34）

马世骏与生态工程 ······ （37）

布伦特兰夫人与《我们共同的未来》 ······ （40）

**技术篇** ······ （43）

大气污染与环境质量标准 ······ （44）

消烟除尘 ······ （47）

光化学烟雾的防治 ······ （52）

酸雨的防治 ······ （55）

温室效应与节能 ………………………………………………（58）

臭氧层的保护 …………………………………………………（61）

水资源与水污染 ………………………………………………（64）

水资源与节约用水 ……………………………………………（67）

泥花中的亿万大军——活性污泥 ……………………………（70）

厌氧生物处理法 ………………………………………………（72）

快乐大家庭——生物氧化塘 …………………………………（75）

沉淀、过滤与水质调和 ………………………………………（77）

奇妙的薄膜与反渗透器 ………………………………………（79）

湖泊富营养化的防治 …………………………………………（82）

淮河流域综合整治 ……………………………………………（85）

保护蓝色家园 …………………………………………………（88）

垃圾废渣污染 …………………………………………………（91）

垃圾制沼气 ……………………………………………………（94）

垃圾制肥料 ……………………………………………………（97）

废塑料的妙用 …………………………………………………（100）

垃圾热解 ………………………………………………………（103）

垃圾焚烧与发电 ………………………………………………（105）

垃圾废渣的卫生填埋 …………………………………………（108）

废渣变建材 ……………………………………………………（110）

有毒有害渣的处理 ……………………………………………（113）

噪声污染 ………………………………………………………（116）

噪声的测量 ……………………………………………………（119）

吸　声 …………………………………………………………（122）

隔　声 …………………………………………………………（125）

消　声 …………………………………………………………（128）

隔振和阻尼 ……………………………………………………（131）

以声治声 ………………………………………………………（134）

音乐屏蔽噪声 …………………………………………………（136）

能吸噪声的轮胎和公路 ………………………………………（138）

噪声的利用 ·················································· (140)

放射性污染 ·················································· (142)

放射性废物的安全处理 ································ (145)

用加速器处理放射性废物 ···························· (148)

核污染土壤的治理 ······································· (150)

放射性污染的防护 ······································· (153)

电磁辐射污染的防治 ···································· (156)

**实践篇** ························································· (159)

用植物监测环境污染 ···································· (160)

用动物监测环境污染 ···································· (163)

学会用石灰乳洁净水 ···································· (166)

酸碱巧相逢 ·················································· (168)

给微生物造窝 ·············································· (170)

试用阳光处理污水 ······································· (173)

测量水体透明度 ··········································· (176)

自办农家肥料厂 ··········································· (179)

精心营造生态庭院 ······································· (182)

栽植绿围墙 ·················································· (184)

**未来篇** ························································· (187)

基因工程与未来的环境保护 ························· (188)

未来的"绿色"社会 ······································ (191)

清洁生产 ····················································· (194)

无污染汽车 ·················································· (197)

用现代造林技术重建绿色家园 ···················· (200)

未来的资源——昆虫蛋白 ··························· (203)

地球环境的空间监测 ···································· (206)

"三峡工程"与 21 世纪环境保护 ················· (209)

**后 记** ························································· (212)

# 历 史 篇

　　英国哲学家弗兰西斯·培根有句名言：读史使人明智。

　　回顾环境保护工程的发展历史，可以概括为两个方面。一方面，人类自古以来在生产活动中，自觉地保护自然资源，包括生物资源，维护生存环境，积累了丰富的经验，成为现代环境保护工程发展的历史源泉；另一方面，人类的生产活动，特别是近代工业革命，造成环境污染，现在生态环境严重恶化已成为人们普遍关注的问题。当"生态危机"和"环境危机"的阴影出现在人们面前，给人类带来无限痛苦的时候，人类才开始觉悟，才不得已开始采取措施来治理环境和保护环境。从这一历史背景来说，生态环境工程更多的是在生态环境危机的压力下形成和发展的。

　　追溯环境工程发展的历史足迹，将启示未来。

# 我国最早的环保机构和法律

专门的环境保护机构和法律，对一个国家的环境保护来说是十分重要的。

我国历史上，早在夏、商、周三代就设立过虞衡机构，负责管理国家的森林、河流与湖泊。

虞分为山虞和泽虞，分别掌管山林和河湖。虞的职责是制定保护环境的法令，负责保护好生物资源和合理开发利用自然资源。虞官的权力很大，下面的两个小故事很能显示虞官的威风。

庄子，即庄周，是我国古代著名的思想家和

哲学家。

有一天，庄子到一个名叫"雕陵"的栗园中去游玩。他走进篱内，目睹了螳螂捕蝉，黄雀在后的生动情景，悟出了万物相互牵连、相互依赖的真理。为此，庄子很是得意。当他想离开栗园之际，不料被管栗园的虞人看见了，怀疑他是偷栗子的，追过来把这位大思想家给臭骂了一顿。庄子没发脾气，回到家里，三天不出家门，在家认真思考蝉、螳螂、黄雀，以及他自己所犯得意忘形的错误和其中的道理。

另一故事说，某年12月，齐国的国王齐侯想到沛这个地方去打猎，他让手下拿了弓箭去叫虞人，虞人认为齐侯未按规定的礼节召见他而拒绝，齐侯打猎只好作罢。

看来，没有虞人同意，连齐侯都不能随便打猎。

虞下面一级的机构是衡。衡官有林衡、川衡，还有麓人、衡麓等小衡官。林衡掌管和巡视山林，执行禁令，调配守护山林人员并按时考核他们守护的功绩，赏优罚劣，若要砍伐树木，必须遵守山虞的规定和法令。川衡则掌管和巡视河流、湖泊，执行禁令，调配守护人员。

我国古代不仅有环保机构，而且还有环境保护的法令。公元前11世纪，西周颁布《伐崇令》，其中规定"毋坏屋，毋填井，毋伐树木，毋动六畜。有不如令者，死无赦"。此外，还有关于禁止采集鸟卵和禁止用毒箭狩猎的规定。如果说这只是以国君命令形式颁布的法令，那么，到秦代，已有严格的法律了。

1975年底，我国考古工作者从湖北省云梦睡虎地十一号秦墓中发掘出大量竹简。云梦睡虎地秦墓竹简的数量多达1100多枚，竹简上记载的内容极为丰富。其中的《秦律十八种》的田律，就有一系列的条文是关于环境保护的，特别是有关生物资源保护的，如规定早春2月不准到山里去砍伐树木，不准堵塞水道，不准采撷刚发芽的植物，不准猎取幼兽、鸟卵和幼鸟，不准毒杀鱼鳖，不准设置捕捉鸟兽的陷阱和网罟……这可以说是有文字记载的最早的环保法律。

据估计，在周代我国黄土

高原有森林 3200 万公顷，覆盖率达 53％，这与那时严密的环境保护机构和严格的法令是分不开的。美国学者埃克霍姆在《土地在丧失》一书中说："甚至早在腓尼基人定居以前，人们就迁入中国北部肥沃的、森林茂密的黄河流域……这种趋势（指华北平原大部分地区成为无林地带）在周朝的统治时期 872 年（公元前 1127—前 255 年），被部分地制止了；这一黄金时代产生了肯定是世界上最早的'山林局'，并重视了森林保护的需要。"显然，埃氏在这里所说的"山林局"，就是周朝的虞衡机构。

如今，我国已建立了完善的各级环境保护专门机构，已颁布有关保护森林、大气、土地、水资源、海洋、野生生物、生态环境等方面的法律和行政法规，这对我国环境保护和保护工程的实施具有举足轻重的意义。

# 从榆溪塞到"三北"防护林

大家知道，森林能保持水土，防风固沙，净化空气，改善小气候，而且是众多物种的乐园。人们把森林比作大地的保护神、田园的卫士、天然的蓄水池、土壤的保育员、防风固沙的长城、城市的肺腑等。总之，森林对于保护生态环境具有非常重要的作用。

在我国历史上，曾多次进行过大规模的植树造林活动。

雄伟壮观的长城，横亘我国北部疆土，成为中华民族的象征。然而，鲜为人知的是，就在秦始皇修筑万里

长城的时候，沿线植造过一条规模可观的榆树林带。秦始皇统一中国以后，派蒙恬"将30万众，北逐戎狄"，在燕、赵、魏防御匈奴的旧长城的基础上，用了10年时间，建成了万里长城。与此同时，在边塞大规模植造榆树林带，后人有"累石为城，树榆为

塞"的说法，并将此榆林塞称为榆溪塞。今
兰州东南有榆中县，在旧长城线上，县名即
与植榆有关。秦以后到汉代，汉武帝对这条
榆溪塞又进行了维护和扩展，在今内蒙古境
内的准格尔旗及陕西省神木、榆林诸县北部
也植过许多榆树，所以说，榆溪塞其纵横宽
广程度远在长城之上，成为名副其实的绿色
长城。

从秦汉到明清，前后一千多年，我国北
方生态条件发生了很大变化，加上人为过度
垦伐和放牧等原因，使西北、华北、东北的
一些地方风沙肆虐，气候恶化。

今河北省宣化城西一带在那时候年久积
沙，危及城内。当地居民清除了积沙，并为防
止沙尘再次淤积城外，在西门外种植数万株柳
树，筑成防风固沙林带，有效地保护了宣化城
市环境。那时候，即使春、秋季节城外风沙弥
漫，城内也只是清风习习，没有尘土飞扬。这
是我国历史上营造城市环境保护林带的一个成
功的例子。

在我国的大西北，清朝后期风沙危害严重，生态环境恶化。当年率部
守卫西北边陲（新疆、青海、甘肃、宁夏、陕西等省）的陕甘总督左宗
棠，整修了从西安经兰州至乌鲁木齐的驿道，同时下令夹道植树，栽植了
较耐旱的柳树和榆树。左宗棠又为改变甘肃境内赤地千里的状况，号令在
一切可种树的地方种树。后来，左宗棠的同乡、部下杨昌浚，应左宗棠的
邀请访问新疆，一路上见柳荫匝地，诗兴大发，写下"新栽杨柳三千里，
引得春风度玉关"的美妙诗句。至今，兰州、天水、平凉、阿克苏等地仍
可见到粗大的百年杨柳，这就是有名的"左公柳"。

现在，我国人民正在实施规模空前的绿化祖国、植树造林工程。我国
的十大林业生态工程包括："三北防护林体系建设工程""长江中上游防护

林体系建设工程""沿海防护林体系建设工程""平原农田防护林建设工程""防沙治沙工程""太行山绿化工程""首都绿化工程",以及珠江、辽河、淮河的绿化工程。其中以"三北"(西北、华北、东北)防护林工程的规模最大,该工程从 1978 年开始,跨越新疆、青海、宁夏、甘肃、内蒙、陕北、晋西、冀北、京津和辽宁、吉林、黑龙江三省西部共计 466 个县(旗)营造防护林带,总面积约 389 万平方千米。这一宏伟规划实现后,我国"三北"地区的环境面貌将有较大改观。原有农区、半农

防护林

半牧区的森林覆盖率将由现在的 4% 增加到 10%,使黄河前、后套以及吉林、黑龙江中部、河西走廊这五大商品粮基地内约 667 万公顷耕地、333 万公顷草牧场初步得到保护,同时能减少水土流失,起到防风挡沙、改善局部气候的作用。

# 从雾都到无烟城

20 世纪五六十年代，世界上许多工业发达的国家相继出现严重的环境污染问题。其中，空气严重污染事件屡屡发生，有些是由于工业生产迅速发展，工厂排放大量的烟尘、二氧化硫、氮氧化物及其他有毒有害气体造成的；有些则是由于城市人口增加，汽车数量大增，汽车排放大量的碳氢化合物和氮氧化物，形成光化学烟雾而污染了大气。因而在 20 世纪 60 年代后期，各国政府都采取了相应的治理措施，终于使一个个"烟城"或"雾都"重见蓝天，大气防治技术在其中发挥了重要作用，也得到了发展。

英国在 19 世纪下半叶工业总产值曾占世界首位。首都伦敦跨泰晤士河两岸，地势低洼。工业生产的发展和所处的特殊地理环境使伦敦很早就遭受烟雾的危害，一度成为世界上有名的"雾都"，而且，一次又一次地发生烟雾杀人的事件。从 1873 年 12 月首次烟雾杀人事件发生后，历史上有据可查的类似事件有

12起，受害人数近万人。英国的立法机构经过4年的专门研究，在1956年颁布了世界上第一部《空气清洁法》。此后，英国政府制定了污染物排放标准，积极采取各种有效的治理措施，包括实施消烟除尘等环境工程，加强对工业废气、家庭烟气和汽车尾气的防治，使大气污染得到了控制。过去的伦敦长年沉浸在浓烟烈雾之中，每年有50多天的大雾日，到1980年减少到只有5天，而且空气中烟尘的年平均浓度仅为20年前的1/8。至于那种烟雾杀人的事件，自1962年至今，再也没有在伦敦重演。

现在，鸟类重新飞翔在伦敦上空，成为伦敦人的骄傲，花草树木遍布市区，伦敦成了真正的无烟城。

美国匹兹堡市是生产钢铁的重工业城市。20世纪40年代，匹兹堡市上空浓烟笼罩，一度成为全美国，甚至全世界闻名的"烟城"。从1946年起，市内工厂实行了煤烟防止条例，改用石油燃料，将煤的用量减少了85%，10年后，空气质量显著改善。70年代，匹兹堡市又进一步将燃料全部换成天然气，成为了名副其实的无烟城。

1955年，日本的四日市因石油工业废气和燃烧重油产生的废气严重污染了大气，造成36人死亡、患病者510人，这就是有名的四日市空气污染事件。实际上日本的其他城市也有类似情况发生。为此，日本制定了一系列废物排放标准和环境质量标准，实行谁污染谁承担责任的原则，建立了相应的管理机构，增加防止公害的投资。到1975年，日

今日伦敦

本 449 个都市中，有 73%（包括四日市）达到规定的大气环境质量标准。

20 世纪 60 年代，前苏联莫斯科上空经常笼罩着厚厚的烟雾，经久不散。70 年代时，前苏联政府将重污染的工业企业逐渐迁到郊区，加强城市的绿化，使莫斯科市人均绿地面积达 44.5 平方米，并推广城区集中供暖。到 80 年代初，莫斯科市的空气质量达到了规定的标准。

以上历史事实说明，只要制定严格的法律，实行科学管理和采用有效的防治措施，污染是可以治理的。但是，一旦发生污染，治理需要付出很高的代价，应该预先采取积极预防措施，防止污染发生。

# 变水害为水利的奇迹

　　水患是从古至今威胁人类的大敌。在世界各民族的早期历史上，都曾有过洪水肆虐的记载或传说。在历史上，我国的黄河、长江、淮河等河流，屡屡出现洪水泛滥的状况，使沿岸良田淹没，房屋倒塌，百姓流离失所，无家可归。新中国成立前的历史记载，黄河共决口 1 500 多次，大改道 26 次，给中原人民造成了无数的灾难。

　　在古代，特别是原始社会，造成洪水泛滥的原因以自然因素为主。每当雨季到来，河流上游水量增加，水流湍急，而且上游高山险峻，河水奔流而下，到达下游时，因地势平坦，水流缓慢，泥沙大量沉积，不能迅速泻入大海，从而造成洪水泛滥。隋唐以后，人们开发自然的能力大大增强，对生态环境的破坏更严重，水旱灾害也更加频繁。

　　我们的祖先早在原始社会就开始治理水害。帝尧时代，

都江堰

中国各地洪水泛滥，于是，尧派禹的父亲鲧去治水，治了9年没有成功。尧死后，舜当选为部落联盟首领，派禹去治水。禹到各地进行调查和测量，接受了父亲用土堵塞洪水而失败的教训，改用疏通河道和修堤堵水相结合的办法，使大水顺着被疏通的河道流入大海，解除了水患。

到了战国时期，铁制工具的广泛使用给开渠挖河提供了便利条件。因此，各国诸侯都修建大型水利工程来灌溉良田，治理水灾。这些水利工程包括灌溉工程、运河工程和堤防工程。当时较大的灌溉工程有芍陂、西门渠（也称漳水十二渠）、都江堰和郑国渠，其中芍陂和都江堰历经两千多年，至今仍在发挥作用。

都江堰在今四川省都江堰市（原为灌县）位于岷江中游。岷江是长江的支流，在都江堰建成之前，经常泛滥，使成都平原受灾，人民苦不堪言。

战国时期，四川太守李冰主持修建都江堰。都江堰工程包括渠首和灌溉渠道两大系统。渠首工程包括鱼嘴分水堤、飞沙堰和宝瓶口三个主要部分。鱼嘴分水堤把岷江从中间截开，东边的内江供灌溉，西边的外江是正流，供排洪和通航。飞沙堰是一道低矮的滚水坝，涨水

都江堰鸟瞰

季节，内江过量的洪水连同它挟带的泥沙石子，可以漫过飞沙堰，滚入外江。当水流量过大时，飞沙堰被冲垮，洪水直接泄入外江，可确保内江灌区的安全。飞沙堰和宝瓶口配合运用，保证了内江灌渠水少不缺，水大不淹。灌溉渠道系统包括四条大干渠和支渠、毛渠，伸向广阔的成都平原。李冰在灌溉渠道的大小水口，安置了"斗门"，天旱就打开斗门，引水灌溉，下雨就关闭水门。

都江堰筑成之后，既解除了岷江水患，又便利了航运，还可灌溉300万亩良田，使成都平原成为"水旱从人，不知饥馑"旱涝保收的"天府之国"。都江堰工程不仅设计巧妙，而且用料就地取材，利用了当地盛产的竹、木和石料。这个完美的巨大工程，二千二百多年来一直造福于人民，堪称世界水利史上的奇迹。

# 沉沦与复苏的河流

人们把河流比作大地的"脉管",世界上大多数城市都是在江河之畔发展起来的,江河养育着城市。但是,随着人口的增加,经济的繁荣,工农业生产的迅猛发展,靠江河养育起来的儿女们,曾经(有些是正在)使江河变成"黑河""臭河"或"死河"。

英国的泰晤士河,流经首都伦敦,号称"皇家之河"。然而直至 19 世纪中叶,伦敦还没有下水道,城市生活污水任意排入河道。河水水质恶化,水源受到污染,导致 1849 年和 1854 年两次发生霍乱大流行,夺去了一万多人的生命。进入 20 世纪时,泰晤士河完全变成了死河,河水中的生物绝迹,连一条鱼也找不到了。

20 世纪 60 年代以后,英国政府组建了泰晤士河水管理局,制定了水污染控制法规,实施"治水一条龙"的方针,

今日泰晤士河

协调各方力量综合治理。首先加强污染源控制，促使工业系统采取清污分流、节约用水、压缩废水量、提高水的重复利用率、推广无害化工艺等技术措施，削减了总排污量；同时进一步完善城市下水道系统，扩大原有的污水处理厂的规模，并增设新的污水处理设施，在伦敦

清澈的莫斯科河

共建设了大型污水处理厂38个。1969年后，治理工作逐步取得成效，绝迹了一百多年的鲑鱼渐渐重返泰晤士河。现在，泰晤士河变得清洁如初，大部分水质达到一级标准，河中鱼类达五十多种，野鸭、天鹅等各种水禽成群结队，呈现一派生机盎然的景象。

美国的芝加哥河，情况同泰晤士河很相似。从1889年开始治理，花了30年的时间，建造了三条总长113千米的人工运河，把密执安湖水引入芝加哥河，以引水冲污，改善水质。但是，城市排污量与日俱增，引水不能从根本上解决问题。最后不得不花费巨额资金，修建污水处理厂，同时大力控制污染源的排污量，促使企业采取技术措施，减少污染物的排放。直到1960年，总计花费6亿美元，历时数十年，总算救活了芝加哥河。

俄罗斯的莫斯科河全长473千米，是800万人口的总排水道，早在20世纪初就成为了死河。50年代，仅莫斯科市区每天就有50万立方米污水排入莫斯科河，致使河水发臭，鱼类绝迹，冬天不结冰（因为河水含强酸

碱、多油脂）。人们从 20 世纪 60 年代开始，大力整治莫斯科河。在莫斯科共建了 1 322 座污水处理站，总处理能力达每天 620 万立方米。99.5％的城市污水经过净化处理后才排放。在贯穿市区的 30 千米河段内，将河底半米厚的污泥挖出来，垫上了干净的新沙。1974 年，这项工程完工以后，莫斯科河清澈见底。现在莫斯科河鱼游鸟飞，并且重新出现了清洁水中才能见到的鲈鱼。

回过头来，看看我国的河流：长江、黄河、淮河、辽河、松花江等主要大江大河现在均受到了不同程度的污染，有的正在走向沉沦。可见挽救它们已刻不容缓。

# 沙漠之战

全世界沙漠和沙漠化面积达4 700多万平方千米，约占全球陆地面积的30％。沙漠地区动植物稀少，只有少数抗风耐旱的草木能在沙漠中生长，给沙漠带来生机。沙漠也几乎没有人烟，因缺水少雨，气候变化无常，食物供应没有保障，在沙漠中居住的人，如漫游于中东的贝都因人，要不断地为生存而挣扎。

赤道两侧，有两条环绕地球的沙漠气候带。世界上最大的沙漠——撒哈拉沙漠就在这里。撒哈拉沙漠总面积为900多万平方千米，那里干旱异常，荒无人烟。然而在距今7000～4500年前，撒哈拉曾是一片辽阔富饶的草原。那里生长着茂密的青草和树木，有各种大型野生动物，号称绿色的撒哈拉。只是，在地球的高温时代，那里的气候变得异常干旱，草木无法生存，逐渐形成今日的撒哈拉大沙漠。

我国乌兰布和沙漠的形成可以认为是人为过度垦殖、过度放牧造成的。乌兰布和沙漠分布在内蒙古与宁夏之间，黄河河套以西，阴山

南麓到贺兰山下。现在这里是一片荒漠景象，大部分地表被沙丘覆盖，即使有些零星小平地，其表面也呈龟裂状。然而考古学家曾在这里发现了三城遗址，发掘出数以千计的汉墓和大量的文物。汉代史书记载，这里在前汉时期有 136 628 人，到后汉只有 7 843 人。古迹和

人沙之战

历史记载说明，公元 1 世纪，这里是汉代重要的农垦区，设朔方郡，下属 6 个县。在汉代开垦之前，这里是一望无垠的大草原，阴山为森林所覆盖。更有趣的是考古学家发现这里的许多汉墓棺底高出墓外地表一米多。这表明这里的地表被强风剥蚀，地表被刮掉 1 米以上。其原因是：过度垦殖破坏了植被，植被受到破坏的土地表面沉积的黏土被强风剥蚀，下覆的沙碛随风吹扬，被搬运到地表，从而形成了沙漠。同样，20 世纪 70 年代，由于干旱和过度放牧，使非洲中部的隆赫勒地区形成新的沙漠。

无论是自然的还是人为的沙漠化，土地都会变得非常贫瘠，加上气候恶劣，流沙借助风力，可以经常移动和蔓延，吞噬农田和村庄，使那里的居民不得不另找栖身之地。

面对沙漠的严重威胁，人类同沙漠展开了斗争。地处撒哈拉沙漠边缘的国家阿尔及利亚、突尼斯、利比亚、埃及和沙特阿拉伯都在积极营造防护林带。阿尔及利亚就营造了 1500 千米长、15 千米宽的防护林带。埃及在西部的哈尔加沙漠地区发现了一个由尼罗河水渗透积聚而成的巨大地下水库，在这里打深孔井，引出地下水开荒垦殖，开垦沙漠 35 万公顷，种植农作物，开辟果园，建立牧场。

现已在沙漠地区建立了五百多个新农村，移民二百多万人，昔日不毛之地变成了片片绿洲。

　　我国由于不适当的毁林开荒，滥垦、滥伐、滥牧，滥用水资源，使植被破坏，草原退化、沙化情况十分严重。目前全国荒漠化土地面积已达262.2万平方千米（39.3亿亩），占国土陆地面积的27.3％，全国有18个省区2.4万多个村庄和城镇常年受风沙危害，每年直接经济损失达540亿元，已引起政府的高度重视。当然，我国人民也一直在同沙漠化进行斗争，也取得了一定的战绩。

# 大地沧桑

大地是万物之母，她无私地哺育着人类。然而，在人类历史发展的进程中，大地却是饱经沧桑！

黄河流域是中华民族的摇篮。四千多年前，这里是森林茂密、水草丰腴的森林草原带。至周代，黄土高原的森林还有 3200 万公顷，覆盖率达 53％。以后，由于历代王朝的过度开发和屡经战乱，森林植被受破坏，使这里 58 万平方千米的土地有 43 万平方千米水土流失，形成千沟万壑的荒山秃岭。

新中国成立后，我国政府一直很重视黄土高原的整治。80 年代还成立了黄河水土保持委员会，统一协调和布置治理工作，获得了以土地合理利用为基础，工程措施、生物措施、耕作措施有机结合的治理经验，已治理面积占 23.7％，使输入黄河泥沙量自 1980 年以来，每年减少二亿多吨。榆林地区、章古台地区的植树造林成绩显著，出现了林茂粮丰的好形势。黄土高原有望重新披上绿装。

今伊拉克所在地，六七千年前是土地肥沃的美索不达米亚平原，是著名的巴比伦文明的发祥地，位于幼发拉底河和底格里斯河之间。当地的人民引河水

沙漠古城遗址

灌溉，种植大麦、小麦等农作物，肥沃的平原养育着至少2 000万人口。然而，由于农业灌溉不当，或只灌不排，地下水里的盐分逐渐被引上地面，地面水蒸发，盐分留在地表。久而久之，地表的盐分越来越多，以至不能长庄稼而成为不毛之地。昔日的美索不达米亚良田变成了现在的一片荒凉的盐碱地。

千沟万壑的黄土高原

全世界有很多盐碱地也是由于不适当的灌溉而形成的，这样的盐碱地叫做次生盐碱地。估计全世界有2 000万至2 500万公顷土地不同程度地受到盐碱化的危害。在印度、巴基斯坦、美国、秘鲁、阿根廷等国家都还存在着土地次生盐碱化的问题。

我国的盐碱化问题也很严重，例如黄淮海平原，仅在河北、河南、山东境内盐碱化的土地就有240万公顷，其中一部分颗粒无收。改革开放以来，加强了对黄淮海盐碱地的全面综合治理，使灌溉工程配套，做到有灌有排，还采用因地制宜的办法，发展多种形式的生态农业，如农林草并举改造盐碱地的生态工程，形成以农田、林网为骨架，多林种与农作物间作，乔、灌、草立体种植的生态农业结构，收到了良好的效果。

从滥砍滥伐到植树造林

盐碱化的土地

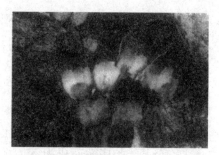

珍稀濒危植物——桃儿七

# 伙伴的今昔

地球上的野生动植物是人类最亲密的伙伴。

在原始社会，原始人群使用最简单的石器和木棒为工具，采摘植物的果实和根茎，捕杀野兽和鸟禽，以获得生存所需要的食物。即使是在这种生产力水平低下的社会，过度采集和狩猎，也会使居住地区的许多物种灭绝。如1万年前，印第安人曾一次把一千头野牛围赶上悬崖，使之坠入崖下，最后导致美洲野牛绝迹。

珍稀濒危植物——黄牡丹

大约1万年前，产生了原始的农业和畜牧业，人类开始学会种植和驯养。当时人们采用"刀耕火种"的办法，砍伐和焚烧森林来开垦土地，并且围湖造田，破坏了野生动植物的家园。人们为了获取商业上有用的毛、皮、肉类，对野生动物进行残酷的猎杀，致使许多物种灭绝，如为了获得象牙而砍杀海象；为了捕获幼兽而残酷杀害母兽，许多狮尾猴和绒毛长臂猿母兽因此被杀害。

珍稀濒危蕨类植物——鹿角蕨

进入近代工业革命时期,工农业生产迅猛发展,人们同时将废气、废水、废渣随意排放,污染了环境,使野生动植物的生存受到威胁。我国的东北虎是世界上体形最大、体态最美的一种虎。由于森林被破坏,它们捕食的小动物减少了,食物来源明显不足,东北虎的处境岌岌可危!

据统计,进入20世纪后,平均每年有1种生物灭绝,而400年前,平均每三四年灭绝1种。20世纪80年代以来,每小时就有1种生物灭绝。目前,全球濒危灭绝的有花植物为1万种,动物为1000余种。至此已引起了人们的严重关注。

1992年6月在巴西联合国环境与发展大会上,各国首脑共同签署了《生物多样性公约》,中国是最早的签字国之一。世界各国也纷纷制订了保护野生生物的法律法规,还成立了专门保护野生生物的组织,包括政府组织和民间组织,其中绿色和平组织是一个跨国的民间组织,它为保护濒危的鲸类、海象进行了长期不懈的努力。人们已注意保护野生生物的生活环境,让它们有自己的美好家园,并采取各种办法抢救濒危动植物物种。

现在,世界各国都建立了专门保护野生生物的自然保护区。美国设有

国家一级保护动物——熊猫

国家一级保护动物——虎

国家公园 38 个，自然保护区 669 个，总面积达 9 360 万公顷，占国土总面积的 10％以上。非洲的一些发展中国家，如肯尼亚、坦桑尼亚等，都设置了大面积的自然保护区，分别占它们国土总面积的 12％～15％和 25％。

珍稀濒危鸟类——黑面琵鹭

我国到 1997 年底，已建立各级各类自然保护区 799 个，占地 7 140 万公顷，管理人员达 15 000 人，其中属于国家级的自然保护区 106 个。全国列入一级保护的动物有 97 种，珍稀濒危植物有 389 种。

珍稀濒危鸟类——白腹锦鸡

# 名 人 篇

生态环境问题是关系人类生存和发展的基本问题。古今中外，许许多多有识之士，为保护生态环境作出过杰出的贡献。

伯益，世界上最早的一位环境部长，是中国古代环境管理的优秀代表；

达尔文很早就发现了生态平衡和食物链这样的生态学基本规律；

竺可桢为我国资源合理利用以及沙漠改造提出过很多有益的见解；

卡逊的《寂静的春天》成为现代环境科学的奠基石；

生态学家马世骏教授的生态工程理论成为环境保护和工农业生产持续发展的理论指导；

布伦特兰夫人负责编写的《我们共同的未来》，将环境保护同所有富人和穷人的未来命运联系起米……

让我们向他们学习，为保护好地球环境贡献出一切聪明才智。

# 世界上第一位环境部长——伯益

大约四千多年前，那是我国历史上的虞舜时期，有一位颇有威望的人，名叫伯益，也称伯翳。伯益具有丰富的动物学知识，他对许多禽兽的行为了解得特别详尽。他甚至会模仿百鸟鸣叫，以至后人称他为百虫将军。

他发明过捕兽的陷阱，这在当时是一项有益于人类的重大发明。因为在那个时代，人类的生存常常受洪水、猛兽的威胁，这些是当时的主要环境问题。

舜帝通过部落联盟议事会，任命了九官 22 人。其中大禹被任命为司

官，相当于现在的总理职务，主要负责治理洪水。伯益被任命为虞官，他的职责是协助大禹治水，并负责管理全国的草木鸟兽，特别是设法驱逐伤害人类的猛兽，也就是负责保护自然资源，合理开发利用自然资源。可以说，这虞官的职位就相当于现在的环境部长，伯益就是世界上最早的一位环境部长。

伯益担任虞官，工作干得很出色。他协助大禹治理洪水，还把全国的山林、水系管理得有条有理，使草木生长得很茂盛。

大禹因治水有功，后来继承了舜的帝位，伯益仍然任环境部长。在大禹的晚年时期，伯益曾被各部落推举为大禹的继承人。这说明伯益作为环境部长，工作很有成就，深受大家的拥护。

伯益作为世界上最早的环境部长，在历史上作出过卓越的贡献，在百姓中享有崇高的威望。他死后，后人在洛水旁边的一座山庙里为他建立了百虫将军显灵碑，以此表示对他的怀念与敬仰。

选伯益！！……

# 达尔文的重要发现

查尔斯·达尔文

达尔文这位 19 世纪的著名博物学家，全世界的人都知道他的名字，因为他提出了生物进化理论，这个理论对于人们认识生物世界具有重要的意义。从现代生态学观点来看，达尔文对生态学相关规律也曾有过重要发现。

达尔文是英国人。那时英国的畜牧业比较发达，种植的牧草主要是三叶草。它是一种多年生草本植物，开紫红色小花，喜欢温暖湿润的气候。英国的气候条件非常适合于它。

达尔文天生对周围的事物有着浓厚的兴趣，并且善于观察和研究。达尔文发现，三叶草在一些地方生长得枝繁叶茂，花开遍地，而在另一些地方却长得稀稀疏疏。要论土壤、气候等自然条件两地没什么区别，那究竟是什么原因呢？

达尔文对这个问题产生了浓厚的兴趣。有一天，达尔文到了镇上，发现许多人家都养着猫。出了镇子，到郊外一看，遍地都是开着小红花的三叶草，真美啊！走到跟前看看，发现还有许多小飞

虫在草丛中飞来飞
去，仔细瞧瞧，这
些小飞虫就是小野
蜂，它们飞来飞去
是在三叶草的花上
采蜜。这使达尔文
想到，小野蜂在采
蜜的同时，就能为
三叶草传播花粉，
这自然是三叶草生
长繁茂的一个原因了。

　　达尔文又到三叶草长得不好的地方去观察研究。那里的
三叶草东三棵西两棵的，小野蜂更是难得找到几只。达尔文
一边仔细观察，一边认真思考着。突然，他发现那边田埂处
两只田鼠正在撕咬着什么，走过去一看，原来两只鼠正在争
食蜂房的蜂蜜和野蜂的幼虫。这使他恍然大悟，原来这里的
小野蜂是被田鼠吃掉了，蜂少了，三叶草传粉授粉的机会就大大减少了。

　　回过来分析：市郊野蜂多，那一定是田鼠少。田鼠为什么少呢？因为
镇上许多人家养着猫。所以，猫多的地方田鼠少，野蜂多，三叶草生长旺

盛；相反，猫少的地方，田鼠多，野蜂少，三叶草长势不好。猫、田鼠、野蜂、三叶草相互联系，构成一条食物链。这不正是生态学中生态平衡与食物链的基本规律吗？

后来，达尔文特地把这一经典的事例写进了他的《物种起源》著作中，即"猫与三叶草的故事"。

# 注重资源保护的科学家
## ——竺可桢

在兰州至乌鲁木齐的铁路线上，有一个因长满红柳而著名的红柳园。1965 年夏天，一辆辆满载着红柳的卡车从那里驶出来。有人统计，每半小时就有 7 辆这样的卡车扬长而去。这里的红柳每年被砍伐达五百多万千克。一位去新疆和宁夏考察而路经这里的教授，看到这一情景时感到大为不安，这位教授就是当时任中国科学院副院长的著名科学家竺可桢先生。竺可桢先生认为红柳是很好的固沙植物，把红柳割尽砍光，风沙就会肆虐，就会袭击农田，围攻村舍，这里的人们将会遭受沙漠化的威胁。

竺可桢生于 1890 年，浙江省绍兴东关镇人。早年在美国名牌大学——哈佛大学获得博士学位。他是我国近代物候学的创始人，也是

我国气象事业的奠基者，更是我国国土整治、生产布局理论方面的专家。

1956 年中国科学院设立自然资源综合考察委员会，竺可桢副院长一直兼任这个委员会的主任。从此，他全身心地投入中国自然资源的开发利用与保护研究。

竺可桢非常重视实践。他总是亲自深入实地去考察自然资源状况。20 世纪 50 年代，中国科学院治沙队开进沙漠地区，竺可桢教授除实际指导内蒙、宁夏、甘肃、陕西等处的综合试验站的工作外，还亲自深入到塔克拉马干、巴丹吉林、毛乌素沙漠和河西走廊西部戈壁地区进行实地考察，发表了《向沙漠进军》等重要文章。

竺可桢多次带队考察包括边疆和少数民族地区的各地自然资源。他曾两次考察了黄土高原地区的陕西、山西两省的水土流失情况，发表了一系列考察报告。如《晋西北地区水土保持工作视察报告》，其中谈到了水土保持要与农业生产相结合，提出了农林牧水综合整治措施，至今对于治理黄河和整治黄土高原仍具有重要价值。

竺可桢先生主张南水北调。20 世纪 60 年代，他曾两次到四川孜河坝地区和云南境内的长江各支流上游考察。那时候，他已是七十多岁的老人，但他不畏艰险，不辞辛苦，北登海拔 4 000 米的阿坝高原，南下深峻的雅砻江峡谷，并且每到一处，总是不耻下问，虚心求教，勤于记录。经过调查，他认为，从长江支流雅砻江引水穿过巴颜

喀拉山口注入黄河是比较适合的路线。1988 年中国科学院兰州冰川冻土研究所派出考察队考察后，确认按照竺先生原设想的引水路线，工程全长二百多千米，能使黄河上游水量增加 180 亿立方米，是一条比较经济、合理的引水路线。

1974 年，竺可桢先生逝世。他把毕生精力都贡献给祖国的科学事业，他为中国自然资源的开发和保护作出了杰出的贡献。

# 现代环境保护的先驱——卡逊

　　1962年，一本名为《寂静的春天》的书在美国出版发行，立即在美国和全世界引起轰动，很快这本书被译成几十个国家的文字在世界许多国家中成为家喻户晓的环境科普读物。这本书的作者名叫蕾切尔·卡逊。

　　蕾切尔·卡逊是美国海洋生物学家，1907年5月27日生于美国宾夕法尼亚州。她曾写过不少有关海洋生物的著作。从1958年开始，卡逊把全部精力投入到农药污染问题的研究上。她花了整整4年的时间，在全美国进行详细的调查，阅遍全美国所有官方和民间的关于农药使用情况的报告，终于在1962年写成了这本轰动世界的《寂静的春天》。

蕾切尔·卡逊

　　卡逊在这本书中设想了一个城镇。从前，那个城镇里一切生物，庄稼、果树、

松林……狐狸、小鹿、小鸟……生活得十分和谐。直到有一天，第一批居民来到这里，情况就完全不同了。这里的鸟儿不见了，一切都变得死一般的寂静。类似这个城镇的地方在美国可以找到成千上万个。

是什么使春天之音沉寂下来呢？商界在大量兜售、公众在大量使用DDT等化学农药，却一点也不懂这些农药对土壤、水体、野生生物和人类的潜在危害。一切都是人们自己造成的。

卡逊列举大量事例说明化学农药不仅杀死害虫，也同时杀伤害虫的天敌和许多其他无辜的生物。化学农药使用不到20年，却使得土壤、河流、海洋都受到污染，并且遍及动植物界，包括人类。每个人从胎儿起直至死亡都要同这些危险化学品接触。人体内积累了农药，致使人的生理过程产生致命的恶变。

DDT等化学农药，最危险之处在于能通过食物链传递和积累。在苜蓿地里撒了DDT粉剂，而后用这块地的苜蓿去喂牛，牛奶里就会含有DDT，人喝了含有DDT的牛奶，人体内部会富集更多的DDT。DDT等有害物质进入到生殖细胞里，会改变遗传物质，毒害下一代。卡逊呼吁公众要特别重视这一切事实。

这本书出版后，立即引起美国各界人士的关注，甚至引起很大争论。卡逊曾亲自在参议院贸易委员会为杀虫剂问题作证，她的见解得到当时的肯尼迪总统的支持，更得到广大公众的支持。

　　人们认为，卡逊《寂静的春天》的发表，开启了一个新的"生态学时代"，因为在这之前，环境问题一般局限于土、水、森林等孤立范围，人们甚至认为传染病被控制了就不存在环境对人类的威胁。而《寂静的春天》通过对污染物的迁移、转化的生动描述，将环境要素——天空、海洋、河流、土壤与动植物和人类密切联系在一起，这实际就是一个生态学问题。

　　卡逊于1964年4月14日在马里兰逝世。她的《寂静的春天》激起更多的美国人，甚至全世界的人都来关心生态环境保护问题。环境科学正以一种方兴未艾的独立学科的姿态跻身于世界科学之林。

# 马世骏与生态工程

马世骏先生生于 1915 年 12 月 5 日，山东兖州县人。1937 年毕业于北京大学农学院生物系。1948 年赴美留学，先后获得理学硕士和博士学位。1951 年秋回国后，致力于发展昆虫生态学，后来成了著名的灭蝗专家。他提出采用直捣蝗虫老窝的办法，即改造发生基地与农药防治相结合的根治办法。他为根治我国两千年来持续发生的蝗灾作出了突出贡献。

马世骏

70 年代初，马先生把他的研究领域扩大到环境科学、生态学与社会科学的交叉领域，相继提出复合生态系统、经济生态学和生态工程等重要理论。

生态工程的概念虽然最初由外国人奥杜于 1962 年提出，但是世界公认

马先生是中国的奥杜。他于
1979 年首次赋予"生态工
程"精辟的定义，即"整体、
协调、循环、再生"。从此，
生态工程成为一门新兴学科、
一项新兴事业。

生态工程原理可广泛用
于工农业生产、资源开发利
用、环境保护和城乡建设等方面。

生态工程用于农业上，就是生态农业，如模拟食物链建立农业资源多
级循环利用系统，建立农作物多层次光能利用结构等。至 1991 年，我国生
态农业试点已达两千多个。

生态工程可以使工农业生产与环境保护有机地结合起来。各种物质多
层次循环利用，废水、废弃物资源化，如污水灌溉、污水自然净化、水资
源多级重复利用，既使资源最大限度地发挥潜力，又可以减少环境污染。

生态工程用于城乡建设，把城镇、乡村作为一个整体的大生态系统，
模拟自然生态系统的结构和功能，进行整体规划，创造完美的人类居住
环境。

马世骏教授开创的我国生态工程的迅速发展，引起国际上的普遍重

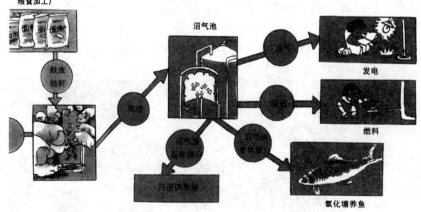
农业资源多级循环利用

视。1987 年他参与起草了驰名全球的环境与发展报告《我们共同的未来》。他参与编写的世界上第一本生态工程专著《Ecological Engineering》于1989 年出版。

1991 年 5 月 30 日马先生为发展我国生态工程事业在一次车祸中因公殉职。他曾说："从根治蝗害到生态工程的提出，无不意识到要使设想成为实施。"所以说，他研究工作的目标始终面向生产建设和环境保护的实践。他那种科研与生产相结合、理论和实践相联系的思想永远值得人们学习。

# 布伦特兰夫人与《我们共同的未来》

布伦特兰

　　20 世纪中叶，宇航员从太空看到了地球，并且首次从太空拍摄到的地球照片上看到地球是由云彩、海洋、绿色植被和褐色土壤组成的美丽图案。可是人类活动引起各种公害，大气污染、水污染、海洋污染、水土流失、温室效应和臭氧层破坏，使地球上每年有 1 100 万公顷森林受破坏，600 万公顷旱地变成沙漠。面对这一切威胁人类生存的环境问题，未来该怎么办呢？

　　布伦特兰夫人主持编写的《我们共同的未来》的报告对这个问题给予了最好的回答。

　　格罗·哈莱姆·布伦特兰于 1939 年 4 月 20日出生在挪威奥斯陆市，她的父亲是挪威工党元老之一，曾任国防大臣和社会大臣等职。

　　布伦特兰夫人于 1963 年毕业于奥斯陆大学医学系，1965 年获美国哈佛大学公共卫生硕士学位。她从 70 年代起热衷于女权运动，1974 年～1979 年出任挪威环境保护大臣。1981 年、1986 年、1990年、1993 年她曾几度出任挪威首相，也是挪威历史上第一位女首相。

　　1984 年起，布伦特兰

夫人任联合国世界环境与发展委员会主席。该委员会由 21 个国家的专家和学者组成，我国著名生态学家马世骏教授也曾是该委员会成员之一。她和委员会成员用了三年多的时间，调查了各国环境与发展问题的现状，并在深入讨论和广泛征求意见的基础上，于 1987 年 4 月完成了《我们共同的未来》这份报告。

报告中指出，环境问题是全人类共同承受的。全球资源是包括工业化国家和发展中国家在内的全人类共有的。

工业化国家面临有毒化学品、有毒废弃物和酸污染的威胁，世界上所有国家都可能遭受主要由工业化国家排放的二氧化碳和各种污染气体所致臭氧层破坏造成的危害。同时，工业化国家控制着核军火库，各国都可能遭受未来战争的苦难。

发展中国家同样面临沙漠化、森林破坏和污染等的威胁。如果他们为了生存使热带雨林消失，绝大多数动植物物种灭绝，整个人类大家庭也将遭受危害。

报告中主张实行全球性的经济和环境管理，纠正增加不平等的做法，改变那种增加穷人和饥饿的国际经济制度，让所有国家都能发挥作用。

报告认为，发展中国家单靠他们有限的财力无法过好日子，全球性的

贫困不能单凭穷国政府的努力而得到缓和，他们需要更多的资金援助，并就援助、贸易、跨国合作和技术转让等一系列问题提出解决的办法。

这个报告一发表，立即受到世界各国的赞同与支持。由于布伦特兰夫人对世界环境保护以及对人类事业的杰出贡献，她荣获 1988 年度和 1989 年度的第三世界奖。

# 技 术 篇

      环保工程是保护和改善生态环境的一线尖兵。它广泛涉及物理学、化学和生物学工程等诸多领域。近年来，环保工程建设更加迅猛地发展，技术创新层出不穷。

      消烟除尘、净化汽车尾气以及烟气脱硫、脱硝等治理废气技术的运用，能使空气洁净，重现蓝天白云；节约用水使水资源受到保护；污水处理可以使污水变清，重复使用；回收、转化、再生废弃物技术可减少垃圾和废渣的污染，还能变废为宝；吸声、隔声、音乐屏蔽噪声等工程措施能有效地控制害人的噪声；先进的技术措施能安全处置放射性废物，不给子孙留下隐患。

# 大气污染与环境质量标准

在工业发达的地区，高高的烟囱林立，冒出滚滚的浓烟，有黑烟、灰烟、黄烟、红烟和绿烟等。黑烟，一般来自烧煤或燃油的火力发电厂；黄烟，其中含有氮氧化物，主要由氮肥厂排出；红烟，主要含氧化铁，来自钢铁厂。烟雾中含有许多有毒有害的成分，如烟尘、二氧化硫、氮氧化物、一氧化碳、氟化氢、氯化氢等，细算起来能有一百多种。另外，汽车也是重要的空气污染源。汽车排放的污染物，除了能形成光化学烟雾的碳氢化合物和氮氧化合物外，还有一氧化碳、铅化合物和多环芳烃（其中包括 3，4-苯并芘等多种致癌物）。各种有毒有害物质进入大气，使空气的正常组成发生改变。当空气中有害物质成分超过规定标准时，就叫空气污染或者叫大气污染。

大气污染轻者，人和生物一时感觉不出来，时间长了会表现出各种病症；污染严重时，使人感觉不舒服，流眼泪、咳嗽、头痛、恶心；污染特

火力发电厂浓烟滚滚

炼钢厂排放的废气

别严重时还会使人立即丧命。

大气污染不仅影响人体健康，还会改变气象规律。全球气候变暖、酸雨、臭氧层"空洞"等问题，归根到底是大气污染的结果。

为保护大气，科学家们根据进入大气中的各种物质对人体健康生态系统和气候的影响，制定出最大允许浓度作为标准。如果大气中某种物质超过规定标准就认为它污染了大气，超过越多，说明空气受污染越严重。

我国目前（1998 年）已有三十多个城市陆续在当地新闻媒体上向公众发布空气质量周报。一般采用综合污染指数评价方法来衡量空气质量，具体的做法是按照空气环境质量标准和空气中污染物在不同污染水平对人体健康和生态环境的影响，来确定空气污染指数的分级及相应的污染物浓度限值。人们可以根据发布的城市空气质量的级别，来判断出空气污染对人体健康的影响。

## 空气污染指数、质量类别与人体健康影响效应

| 污染指数（API） | 对健康的影响 | 空气质量级别 | 空气质量状况 |
| --- | --- | --- | --- |
| 0～50 | 可正常活动 | I | 优 |
| 51～100 | 可正常活动 | II | 良好 |
| 101～200 | 长期接触，易感人群症状有轻度加剧，健康人群可能出现刺激症状 | III | 轻度污染 |
| 201～300 | 接触一段时间后，心脏病和肺病患者症状显著加剧，运动耐受力降低，健康人群中出现刺激症状 | IV | 中度污染 |
| 301～500 | 健康人群除出现较强烈症状、运动耐受力降低外，长期接触会提前出现某些疾病 | V | 重度污染 |
| ＞500 | 病人和老年人可能提前死亡，健康人群出现不良症状，影响正常活动 | | |

# 消烟除尘

玻璃炉窑烟气治理效果

　　烟尘是排在第一位的大气污染物。它随烟气排出，形成各色烟雾，或扶摇直上，或盘旋缭绕。人们形象地称之为"污龙"。

　　烟尘分落尘和飘尘。一般把颗径在 10 微米以上的粉尘叫落尘，10 微米以下的叫飘尘。飘尘对人体的危害更大，能直接到达肺细胞，危害人的肺器官。有的飘尘还可能携带着致癌物，如 3，4－苯并芘等，那就更危险了。

　　煤烟尘能把建筑物表面熏黑，能影响农林作物生长，影响城市市容，能加速金属材料和设备的腐蚀。

　　消除大气中的粉尘污染，根本办法是消烟除尘。采取的措施：一是改造锅炉，提高燃烧效率；二是安装有效的除尘设备。

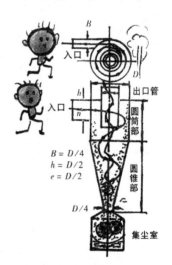

旋风除尘器

　　除尘器大致有重力除尘器、旋风除尘器、过滤除尘器、洗涤除尘器、静电除尘器，以及新一代超效率波浪式塑烧除尘器。

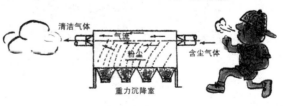

重力除尘器

　　重力除尘器是利用重力沉降原理设计的。重力除尘器又分为重力沉降室、多段沉降室和帽式除尘器等三种除尘装置。它们的结构比较简单，造价低，适用于小型锅炉除尘。

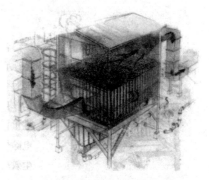

旋风除尘器，已有八十多年的历史，可以说久经沙场了。当烟气进入除尘器中快速旋转的分离器时，烟尘颗粒在旋转离心力的作用下，被甩到外壁，然后顺着外壁沉降到分离器的底部并被清除。旋风式除尘器对于直径大于 40

脉冲反吹薄膜复合滤袋除尘器空气流程图

微米的大颗粒烟尘，除尘率可达 95％以上。在市场上可根据产品的不同标号来大体了解它的基本结构。

| 旋风除尘器标号 | XN | XS | YN | YS |
|---|---|---|---|---|
| 连接方式（代号） | 有出口蜗壳（X） | 有出口蜗壳（X） | 无蜗壳（Y） | 无蜗壳（Y） |
| 气流旋转方向（代号） | 逆时针，左旋（N） | 顺时针，右旋（S） | 逆时针，左旋（N） | 顺时针，右旋（S） |

过滤除尘器，是烟气通过滤布袋或滤层而使粉尘分离的一类除尘器，如布袋式除尘器、脉冲除尘器和填料层除尘器等。布袋式除尘器内设若干

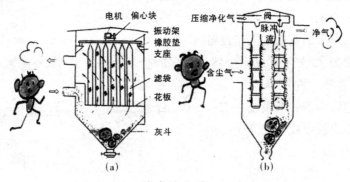

袋式除尘器

个舱室，每个舱室彼此独立，舱室内吊挂很多玻璃纤维布袋。当含尘气体通过袋室时，尘粒被布袋滤除。过一定时间，需将吸满尘粒的布袋取下清洗。布袋除尘器对于直径 1 微米的颗粒几乎能 100％地去除。由于它的结构简单、造价低廉、净化效率高，比较受用户欢迎。其缺点是不宜过滤含水、含油和粘结性较大的粉尘。

管式电除尘器外形图

洗涤除尘器，是用喷水的方法将尘粒从烟气中淋洗下来。这类除尘器有很多种，如水封式、加压式、旋转式等。

静电除尘器，是目前较先进的一种除尘设备。它有一个中心电极，给中心电极加高压时，经过它的尘粒便感应生电而带上电荷。在电场的作用下，带电尘粒向接地集尘筒壁移动，然后在重力作用下直接沉降（或者用水淋洗），尘粒就被除掉。静电除尘器能除掉直径不到 1 微米的极小尘粒，除尘效率高达 99％。静电除尘器是大型工厂普遍使用的一种除尘设备。

20 世纪 80 年代初西德研制出 JSS 波浪式塑烧除尘器，被广泛用于水泥、冶金、化工、食品加工等行业。1993 年，这项技术引入中国市场。

静电除尘器

波浪式塑烧除尘器，其核心功能结构是一些塑烧过滤片。一层层塑烧滤片构成形状像手风琴箱那样的波浪形。

塑烧滤片是由高分子化合物经过铸型、烧结形成多孔母体，在这个多孔母体表面空隙里填充一层氟化树脂，再用特殊粘合剂加以固定而成。一片普通规格的滤片，表面积达 9 平方米。塑烧过滤片表面的氟化树脂执行捕捉尘粒的任务，它捕获的俘虏（粉尘）几乎没有保留地立即上缴，粉尘直接被排走，因此，

安装在电厂的电除尘器

元件母体层不会被堵塞。每片滤片内，分布有 8～18 个空腔，便于通以气流，反吹清灰。

波浪式塑烧除尘器有六大优点：粉尘捕集率高，能保持在 99.99％～99.999％；耐湿性强；使用寿命长；结构紧凑，占地少；清灰效果好；维护保养极为方便。

采用除尘技术后的水泥厂

除尘设备多种多样，究竟选用哪种设备，需要全面考虑环保要求，结合锅炉类型、燃料种类、设备投资、运行费用、占地面积，以及维护管理等因素，选用最有效的除尘设备。

除消除烟气中的尘粒以外，工业粉尘也应治理。如水泥生产过程中会产生大量飞灰，弄得满天灰尘，也同样会危害人体健康。如果将它回收起来，还可作为钾肥。

| 除尘设备 | 处理的粒度（微米） | 除尘效率（％） | 设备费用大小 | 运转费用大小 |
|---|---|---|---|---|
| 重力除尘器（沉降式） | 1000～50 | 40～60 | 小 | 小 |
| 旋风除尘器 | 100～3 | 85～95 | 中 | 中 |
| 过滤除尘器（滤袋式） | 20～0.1 | 90～99 | 中以上 | 中以上 |
| 静电除尘器 | 20～0.05 | 85～99.9 | 大 | 小～大 |

## 居民区大气中有害物质的最高容许浓度 (TJ36－79)

| 编号 | 物质名称 | 最高容许浓度(mg/m³) | | 编号 | 物质名称 | 最高容许浓度(mg/m³) | |
|---|---|---|---|---|---|---|---|
| | | 一次 | 日平均 | | | 一次 | 日平均 |
| 1 | 一氧化碳 | 3.00 | 1.00 | 18 | 环氧氯丙烷 | 0.20 | |
| 2 | 乙醛 | 0.01 | | 19 | 氟化物（换算成 F） | 0.02 | 0.007 |
| 3 | 二甲苯 | 0.30 | | 20 | 氨 | 0.20 | |
| 4 | 二氧化硫 | 0.50 | 0.15 | 21 | 氧化氮（换算成 $NO_2$） | 0.15 | |
| 5 | 二硫化碳 | 0.04 | | 22 | 砷化物（换算成 As） | | 0.003 |
| 6 | 五氧化二磷 | 0.15 | 0.05 | 23 | 敌百虫 | 0.10 | |
| 7 | 丙烯腈 | | 0.05 | 24 | 酚 | 0.02 | |
| 8 | 丙烯醛 | 0.10 | | 25 | 硫化氢 | 0.01 | |
| 9 | 丙酮 | 0.80 | | 26 | 硫酸 | 0.30 | 0.10 |
| 10 | 甲基对硫磷（甲基 E605） | 0.01 | | 27 | 硝基苯 | 0.01 | |
| 11 | 甲醇 | 3.00 | 1.00 | 28 | 铅及其无机化合物（换算成 Pb） | | 0.000 7 |
| 12 | 甲醛 | 0.05 | | 29 | 氯 | 0.10 | 0.03 |
| 13 | 汞 | | 0.000 3 | 30 | 氯丁二烯 | 0.10 | |
| 14 | 吡啶 | 0.08 | | 31 | 氯化氢 | 0.05 | 0.015 |
| 15 | 苯 | 2.40 | 0.08 | 32 | 铬（六价） | 0.001 5 | |
| 16 | 苯乙烯 | 0.01 | | 33 | 锰及其化合物（换算成 $MnO_2$） | | 0.01 |
| 17 | 苯胺 | 0.10 | 0.03 | 34 | 飘尘 | 0.50 | 0.15 |

# 光化学烟雾的防治

20 世纪 40 年代，美国洛杉矶市首次发生蓝色烟雾杀人事件。蓝色烟雾在很多年内一直是一个不解之谜。直到 1953 年才揭开了蓝色烟雾的神秘面纱，它就是光化学烟雾。

生产无铅汽油的石油化工厂

汽车尾气和工厂烟囱排放的碳氢化合物和氮氧化合物进入大气，二者在太阳光紫外线的照射下发生光化学反应，反应后生成臭氧、甲醛、过氧乙酰基硝酸酯等强氧化剂，统称为光化学氧化剂，其中臭氧占 90％以上。这种光化学氧化剂同水蒸气在一起，在适当条件下，便形成了浅蓝色的烟雾——光化学烟雾。

光化学烟雾能刺激眼睛，使眼睛红肿、喉咙疼痛，还能引发哮喘，诱发肺癌，引起动脉硬化，加速人的衰老。光化学烟雾对树木等植物也会产

生严重危害。

世界许多城市都发生过光化学烟雾事件。1970 年夏季，全世界有五大城市：纽约、洛杉矶、东京、米兰和布宜诺斯艾利斯，遭受光化学烟雾的袭击，成千上万的人出现病症，中毒严重者呼吸困难、视力退化、头晕目眩、手足抽搐，以致工厂停产、商店关闭、学校停课。我国的北京、上海、广州等城市也不同程度地发生过光化学烟雾。

以氢为燃料的汽车

光化学烟雾大多发生在汽车密度很大的大城市，这也说明汽车是光化学烟雾产生的主要祸根，必须对汽车废气进行净化处理。

现在，许多发达国家都规定汽车必须安装净化器，这对于控制汽车造成的大气污染有明显的效果。

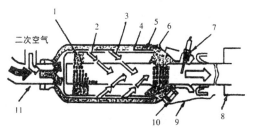

三菱汽车催化氧化反应器

1. 催化剂颗粒；   2. 内筒；   3. 外筒
4. 壳体；   5. 绝热材料；   6. 罩壳；
7. 温度传感器；   8. 主消声器；   9. 护罩；   10. 排泄口塞；   11. 前排气管

净化器有两种，一种是热反应器，它是在汽车发动机外再增加一个燃烧室，使排出的废气在较高温度下维持一段时间，让碳氢化合物和一氧化碳继续燃烧，直至完全燃烧，变成水蒸气和二氧化碳；另一种净化器是催化转化器，它可以安装在发动机舱外面，不必在高温下运作，但必须采用催化剂，使废气变成水蒸气和二氧化碳，还能减少氮氧化物的排放量。常用的催化剂是白金或其他贵金属。由于一般汽油中含铅，铅会使催化剂中毒，减少其使用寿命，现各国已推广使用无铅汽油。使用无铅汽油还可减少铅污染。

净化汽车尾气还可采用废气再循环法。这种方法是使汽车排出废气的一部分再回到进气管，然后导入燃烧室。这种方法可减少 80％的氮氧化物排放量。

当然，发展各种环保汽车是再好不过了，如氢气汽车、氮气汽车，以及用天然气作燃料的汽车。电动汽车虽然本身不产生污染，但它消耗电，电大多通过燃烧煤、石油转化而来，因此，电动汽车间接污染环境。

光化学烟雾笼罩下的美国曼哈顿

被酸雨腐蚀的雕像

# 酸雨的防治

1948 年首先在瑞典出现天降酸雨现象。之后，北欧、北美、东欧和前苏联的一些地区也相继出现降酸雨的现象。酸雨就是酸性雨，国际上规定降水的 pH 值低于 5.6 为酸性雨。酸雨对自然环境和生物的危害十分严重，能使湖泊酸化而致水中生物死亡；酸雨毁坏森林，可使大片大片的树木枯干；酸雨使土壤酸度增加，造成土壤贫瘠化。

为什么会降酸雨呢？人类在生产活动中，消耗大量的煤和石油。煤和石油燃烧后，排放出二氧化硫和氮氧化物。这些物质进入大气中，本身就有很强的毒性，同时还会在阳光、水蒸气、飘尘等作用下，经过一系列化学变化，最后生成硫酸、硝酸。硫酸和硝酸都是强酸，它们随雨、雪降落下来，便形成酸雨或酸雪。形成酸雨、酸雪的物质在空中会飘移，有时会从一个国家飘移到另一个国家。

我国的酸雨现象相当严重。20 世纪 80 年代主要以四川、贵州、广东、广西一带较为严重，到了 90 年代，酸雨由西南、华南蔓延到华中、华东地区，使我国成为继欧洲、北美之后世界第三大重酸雨区。现在酸雨危害的总面积已占国土总面积的 30% 以上。酸雨给我国造成的经济损失每年多达一百四十多亿元。

遭酸雨危害的稻田

控制酸雨，关键在于控制硫氧化物和氮氧化物的排放量。控制硫氧化物的排放主要采取以下方法：（1）尽量使用低硫燃料，尤其是在浓雾期间；（2）使用核电或水力发电；（3）增加烟囱高度，使烟气在返回地面之前得到充分的稀释；（4）提高燃烧效率、降低能量消耗；（5）在燃料燃烧之前，从燃料中除去硫；（6）在燃烧过程中或燃料燃烧后从烟道气中除去硫氧化物。后两种方法是真正解决问题的途径。

氮氧化物污染处理装置

从烟气中除去二氧化硫的方法很多，如催化氧化法，这种方法是把二氧化硫氧化成硫酸，然后再除掉；也可采用粉状或粒状吸收剂、吸附剂和燃料一起投入燃烧室中来脱除烟气中的二氧化硫。我国也有人申请催化剂的专利，该催化剂可使烟气中二氧化硫脱除50％以上。这些均属于干法脱硫。湿法脱硫是采用液体吸收剂，如氨水、氢氧化钠或碳酸钠的水溶液、石灰乳等，洗涤烟气，去除二氧化硫。

燃料脱硫是未来很有前途的方法。如石油和煤的气化，可产生清洁的可燃性气体。20世纪80年代中期美国最先提出"洁净煤技术"的概念，其研究项目之一，就是把煤炭加工成洁净能源、控制污染。目前发展洁净煤技术已成为煤炭利用研究的热点。

控制氮氧化物，通常采用改进燃烧方法、高烟囱排放和烟气脱硝、净化处理的办法。烟气脱硝主要有催化还原法、液体吸收法、固体吸收法和化学抑制法。氧化还原吸收法已用于火力发电厂等热炉排烟净化，在同一塔中可同时脱去烟气中氮氧化物，脱硫率达99％以上，脱氮率也在90％

脱硝反应塔

56

以上。这种方法是用臭氧、二氧化氯等强氧化剂在气相中把一氧化氮（占烟气中氮氧化物量的 90％多）氧化成易于吸收的二氧化氮和三氧化二氮，用稀硝酸溶液吸收再在液相中用亚硫酸钠、硫化钠、硫代硫酸钠和尿素等还原剂将氮氧化物还原为氮气，二氧化硫在其间也可同时被吸收除去。

# 温室效应与节能

　　早在 1896 年，瑞典化学家斯文特·阿赫尼斯提出人类活动可能破坏二氧化碳恒温器的想法。他指出，欧洲煤炭使用量的迅速增加，可能导致全球温度逐渐升高。

　　的确，全球变暖已经开始。现在比 100 年前平均气温上升了 0.3～0.6℃。据联合国气候变化政府间委员会（IPCC）预测，下个世纪后期，全球气温会迅速上升 1.5～4.5℃，这种增温会导致更大的全球气候变化，并引发雨涝、干旱等各种自然灾害。

　　大气中的二氧化碳、甲烷、水蒸气等气体能起一种与温室中玻璃集热相同的吸热作用，这就是温室效应。由于人类自身，特别是发达国家，在其工业化过程中过度耗能而大量排放二氧化碳等废气，使大气中产生温室效应的气体二氧化碳、甲烷、氮氧化物等的含量增加，加剧了温室效应，使地球变暖。

　　地球变暖，已引起南极冰雪受热加速融化，海水受热膨胀后已导致海平面上升、生态环境变化、气候异常。如 90 年代中期，北美出现持续的热浪和干旱；奥地利阿尔卑斯山地区，1995 年出现创记录的高温；1996 年

海洋和森林是吸收二氧化碳的主力军

初，欧洲北部出现异常低温等。观测结果表明，近十几年来，全球海平面每年正以 3.9 毫米的速度升高，如不采取对策，到 2050 年全球海平面平均将升高 30～50 厘米，其后果直接威胁到沿海国家及 30 多个海岛国家的生存和发展，世界各地海岸线的 70%、美国海岸线的 90% 将被海水淹没。

开发水电等非矿物能源

因此，20 世纪 80 年代末以来，人们对全球气候问题特别关注。1992 年里约热内卢国际会议上通过了历史性的《气候变化框架公约》。公约特别提到，长期目标是将大气层中的温室气体浓度稳定在"一种能防止人类危险地干扰气候系统的水平上"，这意味着最终至少将二氧化碳排放量从目前水平削减 60%～80%。所以，节约能源，减少矿物能源的消耗，势在必行。

工业是耗能大户，控制石油、煤等矿物燃料在工业上的使用，将直接减少二氧化碳的排放量。工业节能的潜力很大，可通过采用节能技术和开发洁净的新能源等来实现。

采用节能技术。如 70 年代以来改用小型电弧轧钢，使炼钢厂能源消耗减少近一半；使用膜电池代替汞极电池，可使氯碱工业电解食盐工序用电量减少 15%～30%；将发电厂的余热循环利用，可使燃料效率从 33% 提高到 90% 等。

风力发电（日本的一架由 20 个风车组成的风力发电机）

开发洁净的新能源。大力发展水力能、风能、太阳能、地热能、海洋能等非矿物能源，减少空气污染。

加强对石油、煤、天然气的合理开发利用，减少能源浪费。与石油和煤、核燃料等相比，天然气是更为洁净和高效的矿物能源。有专家预测，天然气将成为 21 世纪的能源主力。人们正在研究煤洁净化技术，开发了精选、水煤浆、粉末化、液化、气化等利用技术，并力图实现煤的地下气化，使煤炭气化变成洁净的"人造天然气"，达到节能和保护环境的目标。

　　海洋和森林是吸收二氧化碳的主力军，因此保护海洋、植树造林以增大森林覆盖率等，也是抑制温室效应的关键措施。

利用可再生的洁净的海风发电（位于海南东方市海鳞洲的风力发电机组）

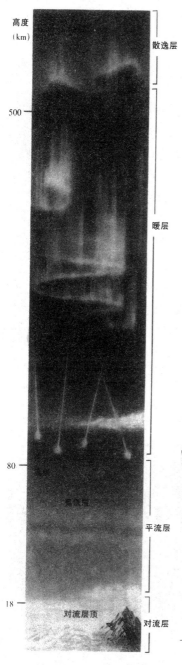

高度
（km）

散逸层

500

暖层

80

平流层

18

对流层顶 对流层

# 臭氧层的保护

1995年10月11日瑞典皇家科学院宣布，将1995年度诺贝尔化学奖授予三位环境化学家：荷兰化学教授保罗·克鲁森、美国教授马里奥·莫利纳和舍伍德·罗兰，以表彰他们在大气化学研究方面的杰出工作，特别是他们最先阐明了臭氧层损耗的机理，并找到了人类活动导致臭氧层损耗的证据，为保护臭氧层作出了突出的贡献。

臭氧层是大气平流层中距地面20～30千米处的一圈特殊大气层。这里臭氧（$O_3$）含量比较高，大约集中了全部大气层臭氧量的90%，因此称为臭氧层。臭氧层能吸收太阳辐射的紫外线，保护地球生物免受紫外线的伤害。

1970年克鲁森教授首次发现一些微生物释放的氮氧化物进入大气后，会对臭氧

皮肤癌患者
——臭氧层破坏的受害者

61

分解起催化作用，促进臭氧分解，加速臭氧层的损耗。

1974年，莫利纳和罗兰共同撰写了一篇研究论文，发表在《自然》杂志上，阐述普遍用做冰箱制冷剂和发泡剂的氟里昂对臭氧层构成威胁，是破坏臭氧层的元凶。当时，他们的论文引起很大争论。

因为臭氧层对人类生存至关重要，因此各国政府和科学家们都对这个问题给予特别的重视。在随后的二十多年里，经过许多科学论证，全世界其他科学家进一步证实了他们的结论。莫利纳和罗兰的有关工作受到世人的认同，保护臭氧层问题也成为全世界最为关注的重大课题之一。

20世纪70年代末，人们发现南极上空臭氧层在春季臭氧明显减少。20世纪80年代，人造卫星观测发现，南极上空出现"臭氧空洞"。1986年测出南极臭氧空洞面积与美国国土相当。后来发现北极上空也有"臭氧空洞"形成，臭氧层耗损已成为全球性的环境问题。

携带大气探测仪器的气球，用于研究臭氧层变化

对大气平流层中各种气体浓度的测定结果表明，离地面18千米以上的区域，从8月底开始，氯的含量急速增加，而臭氧明显减少，氯对臭氧的破坏得到证实，同时也证明大气臭氧层被破坏是全球性环境污染引起的。

1987年9月，24个国家在加拿大的蒙特利尔召开国际会议，签订了《关于消耗臭氧层物质的蒙特利尔议定书》。议定书规定在全世界范围内逐步禁止氟里昂等臭氧耗损物质的生产和使用。从此，全人类为保护臭氧层

新飞公司全无氟环保冰箱生产线

而积极行动起来，大力开发氟里昂的代用品，R—134a 等代用品相继投入市场。我国生产的 R—134a 已用于电冰箱和空调器制冷，国产无氟电冰箱（指不使用氟里昂制冷的冰箱）已打入了国际市场。氟里昂属氟氯烃类化合物。我国已将家用制冷工业中的氟里昂淘汰期定在 2005 年。

无氟冰箱

中华民族的母亲河——黄河

# 水资源与水污染

　　地球上有很多水，总共大约有 13.85 亿立方千米，其中包括占总量 97.5％的海水、江河湖库等地表水和地下水，以及极地、高山上的冰冻水。真正可利用的淡水资源唯有河流、湖库等地表水和浅层地下水，加起来还不到全部淡水总量的 0.3％，不足地球总水量的千分之一。

　　江河、湖泊、水库、地下水和内海是人们赖以生存的水环境，是生活用水、农业灌溉、工业用水、水产养殖等取水、用水的来源，但同时又是人们排污、排废的处所。

　　我国每年排放污水（包括生活污水和工业废水）量约为 435 亿立方米，占水资源总量的 1.6％。80％的污水未经处理就排入江河湖海，使城市和工业基地附近的河流、湖泊和海湾普遍受到污染，并且殃及地下水。全国近 1.7 亿人的饮用水受到不同程度的污染。

### 污水中的主要污染物质

| 污染物质 | 组分 | 来源 |
| --- | --- | --- |
| 固体物质 | 无机固体物质、有机固体物质 | 选煤厂、钢铁厂、造纸厂、制糖厂、食品加工厂、生活污水 |
| 耗氧物质 | 有机和无机耗氧物 | 生活污水和工业废水 |
| 有毒物质 | 合成洗涤剂、多氯联苯农药等 | 有机化工厂和农药厂 |
| | 汞、镉、铅、铬等重金属和酚、氰等 | 冶金、机械加工和化工等行业 |
| 高色度和高臭味物质 | 颜料等 | 纺织印染、制革、造纸及某些化工 |
| 油类物质 | | 石油加工，机械加工等 |
| 无机化合物 | 酸、碱、盐类 | 化工厂 |

　　水体受到污染后，对人体健康、生态环境以及渔业、农业、交通运输都有很大危害。

　　污水中常含有一些病原微生物，人们饮用了含病菌、病毒或寄生虫的水，会引起霍乱、伤寒、腹泻、痢疾等疾病；甚至吃了受污染而消毒不彻底的水产品，也会引起疾病。1988 年上海甲型肝炎流行事件就是一例。

　　水中的有害有毒物质危害人体健康的事例举不胜举。历史上曾发生过因为长期摄食汞污染的鱼和贝类而造成的日本水俣病，长期食用镉污染的稻米引起的骨痛病，都是轰动世界的水污染事件。目前癌症病例增多，与环境污染密切相关。冠心病和某些高血压的死亡率与饮用水的硬度及硝酸盐含量有关。据报导，全世界每天至少有 5 万人死于水

湖上飞瀑

污染引起的疾病。

水污染对渔业的危害令人痛心。常常因为水体受污染而出现大量死鱼的现象，有的甚至造成整个水域内鱼虾绝迹。

水中的污染物随着灌溉水进入农田，危害农作物。1974年和1975年，北京东南郊农民引用污水灌溉麦田，两年中有

造纸工业废水污染河流

600多公顷农田严重减产，主要是污水中"三氯乙醛"这种化学物质造成的。在陕西省沿黄地区，由于污水灌溉，每年造成的农业损失约1亿元。

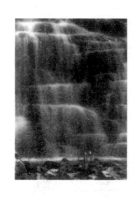

# 水资源与节约用水

　　地球表面71%的面积被水所覆盖，从表面上看，地球上的水资源很丰富，其实，地球上的水97.5%是咸水（海水），而剩下的2.5%的淡水中约70%冻结在南极和格陵兰的冰盖中或是深层的地下水，难以开采使用。真正为人们容易得到的淡水，仅占全球总水量的0.007%。因此，水资源短缺是全球性的问题。

　　我国淡水资源拥有量为2.8万亿立方米，列世界第6位。但是，我国人口众多，人均占有淡水资源仅有2 400立方米，是世界平均值的1/4，世界排名第109位，被联合国列为世界40个严重缺水国之一，可以说是一个贫水国家。

　　经调查，在我国476个大中城市中有300多个缺水，日缺水量达1 600万立方米，包括北京、天津、西安、大连、青岛等在内的40多个城市都是严重缺水的城市，另有部分山区、草原、海滨和海岛居民约6 000万人口饮水十分困难。由于缺水，大量耕地草场废置，土地沙漠化面积以年平均2 460平方千米的速度扩展；河湖干涸，1997年黄河断流累计竟达226天。供水不足，直接限制粮食增产，也限制了工业的发展。所以，节约用

推广喷灌技术，节约用水

水是全社会每个公民的责任。

我国节水的潜力很大。

我国农业灌溉用水量大，占全国总用水量的 72%，而大部分农田仍采用大水漫灌，输水渠道渗漏，水浪费大，灌溉用水

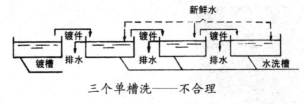

三个单槽洗——不合理

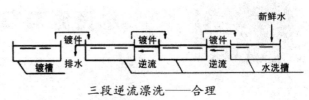

三段逆流漂洗——合理

有效利用率仅为 30%～40%。现在，世界上已发展了许多新的灌溉技术，我国也正在推广使用，如渠道防渗技术、喷灌、滴灌、渗灌等。喷灌是将管道拉到田间，用那种像小喷泉似的中轴喷水的方法把水喷洒到作物上。用这种方法，水的利用率可达 70%；滴灌是让水从水管上的许多小滴头中一滴滴地渗入土壤，可避免喷灌造成

废水脱硫设备

的水分蒸发，水的利用率可达 90%；渗灌的效率更高，它是用电脑自动控制，水装在多孔的橡皮管中，土壤干燥时，就可自动从橡皮管中吸水，土壤湿润时，橡皮管上的弹性小孔会自动关闭。概略计算，全国农业灌溉水的利用率从 50% 提高到 70%，就可节约用水 1 000～1 200 亿立方米。

工业节水的潜力也很大。我国工业耗水量高，万元产值耗水量达 225 立方米，远远高于发达国家的 100 多立方米，这是由于生产设备陈旧、工艺技术落后、高新技术产业比重小而造成的。应努力推广先进的节水技术，大力提高工业用水的重复利用率，如电镀行业的镀件漂洗，采用多阶逆流漂洗法代替单槽水洗法，重复使用漂洗水，可节约用水 2/3，并大大减少了废水量。我国目前大部分城市工业用水的重复利用率仅为 30%～40%，如能提高到北京、天津的用水水平（72%～73%），全国每年即可

节水 150 多亿立方米。

城市生活用水浪费也很大。只要人人树立节水意识，采取节水措施，可节水 1/3 到 1/2。

节约用水不仅可缓解水资源短缺的压力，利于生产发展，还相应减少了污水排放量，有利于促进环境的良性发展，因此，应努力建立节水型经济，树立合理用水的社会风气。

无水公厕

# 泥花中的亿万大军——活性污泥

在自然界中存在着无数的细菌、真菌等微生物。活性污泥法就是利用这些微生物净化废水中的有机污染物的一种生物转化处理技术。

用微生物处理污染物就像派兵上前线打仗似的，出征前需要对微生物进行一段时间的专门驯化。驯化好的

活性污泥中的微生物

微生物会形成絮花状的褐色泥粒，称为活性污泥，它具有很强的分解有机污染物的能力，在有充足的空气、合理的营养、适宜的温度（10～40℃）和酸碱度（pH＝6.5～8.5）的条件下，其中的细菌能不断地繁殖，从而使活性污泥不断地增多。

活性污泥法的主要处理设备是曝气池和二次沉淀池。

当废水通入放有活性污泥的曝气池中时，细菌可分泌多糖类粘液，对

好氧性细菌吃得真香！

沉淀池

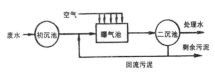

普通活性污泥法处理系统

污染物具有很强的吸附作用，能很快将废水中的大量有机物质吸附过来。与此同时，伴有大量氧气参与，细菌对有机物进行"嚼碎"、消化和分解，使一部分有机物转化为新的细菌体成分，另一些有机物变成二氧化碳和无机盐，从而使废水中的有机物含量降低，废水得以净化。在曝气池中，需要不断地送入压缩空气，使混合液中保持充足的溶解氧；同时要供给合理的营养（如添加适当的氮、磷营养）、维持适宜的温度和 pH 值，细菌才能不断地繁殖，活性污泥才能不断地增长，废水才能持续不断地得以净化。

污水处理厂的鼓风曝气池

　　二次沉淀池的作用是使污泥和水分开。从曝气池出来的水进入二次沉淀池，清水从池上溢流排放，污泥沉到池底。一部分污泥回流到曝气池，补充曝气池中活性污泥的数量；其余大部分污泥从沉淀池底部清除出来，另作污泥处理。

　　废水在曝气池中一般停留几小时，其间生化需氧量去除率可达 80％～90％，甚至 95％以上。

　　活性污泥法净化效率高，投资、运行费用少，被广泛用于城市污水处理以及石油化工厂、焦化厂、农药厂、

技术人员测定曝气池中污水溶解氧的含量

化工厂的废水处理。近年来，在普通活性污泥法的基础上，又发展了一些新型工艺，如纯氧曝气法、氧化沟法等。

# 厌氧生物处理法

厌氧生物在缺氧的水中能吃掉有机物

自然界中的微生物，有好氧的，称为好氧微生物；有厌氧的，称为厌氧微生物；还有介于二者之间的，称为兼性微生物。这三类微生物都可以用来处理污水中的有机物。

利用厌氧微生物在缺氧条件下分解有机废物的方法叫做厌氧生物处理法，也叫厌氧消化或厌氧发酵。它与活性污泥法一样，也是一种净化废水的生物转化处理技术。

有趣的是厌氧微生物在进行厌氧发酵过程中能够很自然地很默契地进行分工配合。在发酵初始阶段，产酸细菌进行酸性发酵，使复杂的较大分子的有机物转化为简单的、分子较小的有机酸（如甲酸、乙酸、丙酸、丁酸等），以及有机醇、氨、硫化氢和二氧化碳等。接着由另一类细菌——甲烷菌进行碱性发酵，产生甲烷。若遇到不能溶解在水里的有机物，则必有水解细菌出战。它们向

污水处理厂

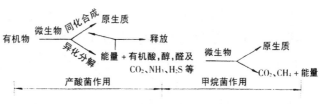

有机物厌氧分解图式

体外（胞外）分泌水解酶类，将其转化为溶解性有机物，然后再进行酸性或碱性发酵。

厌氧处理的全过程，不论哪类细菌，也不论是进行酸性发酵还是碱性发酵，都要求隔绝氧气，维持 pH 值在中性（6.8～7.8），需要适宜的温度（30～35℃），还要供给氮、磷等各种营养，同时，废物中对微生物有毒害的物质不能超过细菌的忍耐极限。

厌氧生物处理法的主要设备有消化池、沉淀池和污泥回流系统。由于酸性发酵菌和碱性发酵菌对环境条件要求不同，为使它们都处于生长繁殖的最佳状态，科学家和工程师设计了两相厌氧消化工艺。其特点是使酸性发酵和碱性发酵分别在两个消化池中完成，大大提高了消化速度和分解有机物的能力。

厌氧生物处理不需要供给氧气，特别适于处理高浓度的有机废水，如屠宰场、味精厂和酒精工业等的废水。厌氧发酵产生的沼气（甲烷）可以回收作为能源，可以像煤气一样用来生火做饭，也可以用来发电，是一种洁净能源。在当今世界能源紧缺的形势下，厌氧生物处理法能耗低，又能回收一部分能源，因此，厌氧生物处理法得以迅速发展，出现了多级厌氧处理系统和两相厌氧处理系统等新的运行方式。

由于厌氧处理不可能像好氧处理那样把有机物彻底分解成二氧化碳和水，所以废水在厌氧处理之后再进行好氧生物处理或其他深度处理，以达到排放标准。现已发展了厌氧—好氧二级生物处理系统，把二者联合起来，发挥了各自的长处，在城市污水和工业废水处理中得到广泛的应用。

技术人员测定厌氧状态下的污水溶解氧含量

污水处理，有些不仅要求去除污水中的有机物，还要求去除氮和磷。日本研制的序批式活性污泥法，不像普通活性污泥法那样连续曝气，而是在两个间歇反应槽内反复实现厌氧、好氧状态。当间歇反应槽处于好氧状态，流入污水中的有机物被氧化分解，同时有机氮被硝化，磷则被污泥过量摄取而从处理水中除去；当间歇反应槽处于无氧、厌氧状态，被消化的氮转化为氮气，从水中逸出，同时，污泥中的磷则溶解到混合液中。通过反复搅拌、曝气，可去除80％以上的氮和磷。

# 快乐大家庭——生物氧化塘

北京市房山县有个牛口峪水库，水库不大，20世纪80年代初，经有关专家测定，水库的地下是不透水的花岗岩层，很适于做处理附近某石油化工厂废水的生物氧化塘。现在，牛口峪水库已成为地地道道的生物氧化塘。水

库的贮水量比当初大大增加了。水中有鱼虾，水面有鹅鸭，周边芦苇丛生，不时还有天鹅、野鸭来光顾，呈现一片生机盎然的景象，而且在水库的外围，垂柳成排，草坪成片，蜿蜒的人行道掩映在绿荫之中，成为人们休闲度假的好去处。

生物氧化塘不仅从外表看去环境优美，而且它的内部也是一个自然生物组成的快乐大家庭。那里有肉眼看不见的厌氧细菌、兼性细菌和好氧细菌，有各种藻类、浮游生物和底栖动物，有看得见的大小水生植物，还有鱼虾水禽等高等动物。

*湖北鄂城鸭儿湖氧化塘*

利用生物氧化塘净化工业废水的方法属于自然净化法之一。其主要处理设施是生物塘，也叫氧化塘或稳定塘，可以是天然的，也可以是人工修整的类似池塘的设施。而最基本的条件是塘底必须是不透水层，以防止污水长期停留而缓慢渗漏，污染地下水。

人们把氧化塘分为好氧塘、厌氧塘、兼性氧化塘和曝气氧化塘。曝气氧化塘是在塘水表面安装浮筒式曝气装置，通过人工强化塘水以保持好氧状态，所以也叫人工强化曝气氧化塘。所谓曝气，实际上是向水中充气，使溶解氧量增加的过程。

生物氧化塘为什么能处理工业污水呢？

塘中的厌氧细菌在氧化塘底层缺氧的部位分解有机废物，好氧细菌在水塘上层氧气充足的地方将有机物分解。水中的藻类和水生植物利用有机废物分解后的产物——无机盐类和二氧化碳进行光合作用，产生的氧气供给好氧细菌生长、繁殖。藻类和水生植物本身可供底栖动物及鱼虾水禽等食用。它们之间形成复杂的食物链，共同构成氧化塘水生生态系统，生物间彼此相互依赖，相互依存。由于水生生物的分解作用，废水在氧化塘内停留数月，得到净化处理，出水可用于农田灌溉或养殖其他水生生物，实现废水资源化。

生物氧化塘是一种简易而有效的废水处理设施，特别适合于气候干热、有现成可利用的坑洼地或旧河道等地方修建（当然，必须是不透水、不渗漏才行）。氧化塘的投资和运行费用低，管理也很简单，不仅能处理废水，还能像牛口峪水库那样起到美化环境、改善小气候的作用。所以氧化塘处理废水技术已被世界上四十多个国家和地区采用，仅美国就有二万多个生物氧化塘在运行中。不过，氧化塘毕竟只是利用天然生物自净作用的一种废水处理系统，它的处理效率较低，一般适用于废水的三级处理。

# 沉淀、过滤与水质调和

污水中常含有悬浮固体物质，比重大于水的悬浮物可以沉降下来，从水中分离出去。在废水处理中，沉淀处理是一种通用的处理方法，可以作为其他处理方法前的预处理。如在活性污泥生物曝气法处理污水之前，一般需要事先经沉淀去除大部分悬浮物并减少生化需氧量。而且，经生物处理后的出水还要通过二次沉淀作进一步处理。

辐流沉淀池

污水处理沉淀池按池内水流方向不同，分为平流式、竖流式和辐流式沉淀池。新式的斜板或斜管沉淀池也逐渐用于污水处理工艺。

平流沉淀池

斜板或斜管沉淀池是用一组平板或一组管道并排叠成一定倾斜度，就相当于一个个的很浅很小的沉淀池，水在板上或管内流动时各层互不干扰，便于颗粒沉降，从而提高了沉淀效率。

过滤也是一种分离废水中悬浮颗粒的方法。过滤法就是通过带孔眼的过滤装置或材料（或称介质），把尺寸大于孔眼的悬浮颗粒截留住，经一段时间后，过水阻力增大，常用反洗的方法将截留物从过滤介质中除去。

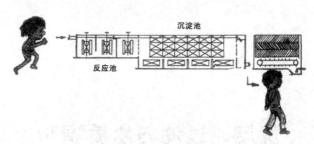

横向流斜板沉淀池

过滤装置有格栅、筛网、滤池等，过滤介质有尼龙布、帆布、石英砂等。

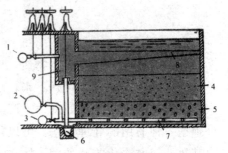

过滤池一般布置横剖面图

1. 原水管（或沉淀水管）；　2. 洗池清水管；　3. 滤后清水管；　4. 砂层；　5. 砾石层；　6. 洗池污水渠；　7. 滤管系统；　8. 排水槽；　9. 分配渠

格栅是一种最简单的过滤设备，是由一组平行的金属栅条制成的框架，斜置在污水流经的渠道上，或泵站集水池的进口处，用以截留大块的悬浮物或漂浮物，如柴草、树叶、碎纸片、破布头等。格栅截留的污物可用人工清除或机械清除。

滤池用于污水处理，可除去污水中的微细悬浮物质，一般作为活性碳吸附或离子交换设备之前的保护设备。

水质调和对于污水处理设备，特别是生物处理设备正常发挥其净化功能是必不可少的步骤。因为不同的企业排放的废水水质不同，甚至同一企业

调节池

排出的水质和水量也很不均衡，遇上生产设备检修或物料泄漏等情况，水质变化就更大了。因此，必须进行调和处理。通常在污水处理系统前设置均和调节池，用以调节水量和均和水质。调节池设计得越合理，调节时间越长，废水水质调节得越均匀。

# 奇妙的薄膜与反渗透器

（a）渗透开始

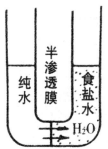

日常生活中，我们经常与薄膜打交道，如各种塑料包装袋和农用塑料薄膜。这些塑料薄膜具有透光不透水的功能，有些膜还可用于废水处理，真是奇妙至极。膜为什么能处理和净化废水呢？

我们不妨先做个小实验。取一透明玻璃杯，里面放入清水。用一张赛璐珞薄膜围成袋状，装入少量浓盐（或糖）水，然后把它放入装有清水的玻璃杯中央，没入水中，记下赛璐珞薄膜袋中的液面位置，并仔细观察液面位置的变化。几分钟之后，你会发现膜袋中的液面上升了。这说明玻璃杯中的清水自动地通过膜渗透到盐（或糖）溶液中，使盐（或糖）溶液得到稀释。因为这张膜只允许水分子透过而不允许盐分子透过，所以叫它半透膜。假如我们有条件，对膜内的盐溶液施加压力，当压力足够大时，盐溶液中的水分子也会

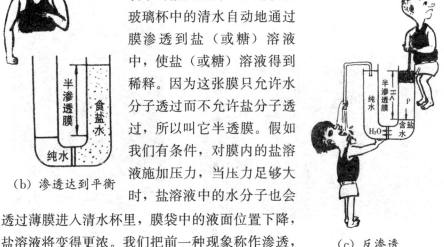

（c）反渗透

（b）渗透达到平衡

透过薄膜进入清水杯里，膜袋中的液面位置下降，盐溶液将变得更浓。我们把前一种现象称作渗透，

后一种就是反渗透。

将半透膜的反渗透原理应用到废水处理中，已发展并广泛应用的技术是反渗透法，其主要设备是反渗透器。与反渗透法相似的有超滤法，它的主要设备是超滤器。

超滤器用的是孔径较大的半透膜，叫超滤膜。超滤膜较疏松，透水量大，施加压力也比反渗透器小，一般施加压力在 $0.069\sim0.98MPa/cm^2$ 时，溶液中的水分子和某些盐分子可以透过超滤膜，而溶液中的油珠、胶体物、固体微粒以及一些较大分子的物质被截留下来，从而使被处理的废水得到净化。所以，超滤法主要用于处理含油废水和有机废水。

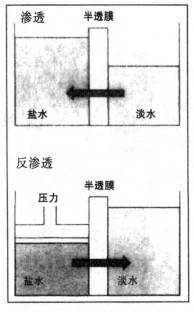

反渗透原理

日产 3000 立方米净化水的超过滤设备

外压型中空纤维超滤膜装置

　　反渗透器使用十分广泛。它用的反渗透膜主要是醋酸纤维素膜和芳香聚酰胺膜等。这些膜的性能较好，能除去水中 95％的钠离子和氯离子，98％以上的钙、镁离子，并能全部去除铁和其他重金属离子以及分子量较大的各种有机物质。所以，反渗透器可用于处理含金属离子的无机废水以及海水淡化方面。

　　反渗透器一般有四种形式：板式、卷式、管式和中空纤维式。

　　反渗透器另一方面的应用是浓缩回收有用物质，减轻污染负荷，例如应用它来回收电影胶片洗印废水中的白银，效果很好。

# 湖泊富营养化的防治

波光粼粼的湖泊，星罗棋布地点缀在大地河川之间，不仅使风光秀色倍增，也是涵养水源、调节气候的重要自然资源。然而随着时光的消逝，浩大的湖泊也会渐渐因淤积变浅，进而转化为沼泽，最后衰老死亡。在环境污染严重的条件下，出现的水体富营养化现象，会加速湖泊死亡的进程。

什么是水体富营养化呢？就是湖水中的营养物质过剩、过量，使得水中的浮游藻类过度繁殖，厚厚地封积水面，造成水中缺氧，鱼类死亡，破坏水体生态平衡的现象。

湖泊富营养化的表现是水中浮游藻类大量繁殖，水体变得混浊不堪。大量繁殖的蓝藻类浮在水面，呈现绿色、黄色或红色等瑰丽色彩，俗称水华，老百姓也叫它湖靛。当藻体死亡腐烂时，散发出强

湖泊富营养化造成的大面积水华

烈的霉味或腥臭味。有些蓝藻，如微囊藻、鱼腥藻和束丝藻能分泌毒素，不仅对人和动物有毒害作用，对其他藻类也有威胁。

富营养化的根本原因是环境污染。大量的工业废水和生活污水通过入湖河道直接或间接进入湖泊水体，这些是最主要的污染源。此外，周围地区的农田径流把大量化肥、农药及农田污物带入湖泊；水上来往的船只和游人将污水和丢弃的生活垃圾排入湖中；湖泊水产养殖投放饵料等，都是造成湖泊污染的原因，导致了湖泊的富营养化。

富营养化的结果是湖泊生态系统受到破坏，蓝藻独霸天下，而其他藻类、浮游动物、贝类、鱼类死亡或难以生存。这样的水体降低或失去了渔业、交通、旅游等多种利用价值，最终导致湖泊衰老和死亡。

世界上许多湖泊，包括一些有名的湖泊都发生过富营养化问题，如美国和加拿大边境的五大湖，日本的诹访湖、琵琶湖及瑞典的许多湖泊，以及我国的太湖、巢湖、滇池、武汉东湖、南京玄武湖等，都是严重富营养化的湖泊，亟待采取有力的措施加以治理。我国现已对滇池、巢湖、太湖三大湖泊进行重点治理。治理措施以综合整治为主，包括关、停污染严重的小造纸厂、小化肥厂、小印染厂等"十五小"企业，加强工业污染的治

挖泥船疏浚西湖

理，限制排污总量；建立污水处理厂，对工业废水和城市污水集中处理；发展生态农业，防治面源污染；加大执法力度，加强监督检查。

国外治理富营养化湖泊的办法主要是根据赖比格最小值定律，即"植物的生长决定于外界供给它所需养分中数量最少的那一种"，采取控制藻类营养的办法。经过科学家研究，认为如果能控制水体中磷的含量不超过每立方米 1.5 毫克或者无机氮的浓度不超过每立方米 300 毫克，就能限制藻类过度繁殖，就能防止富营养化。所以，采取对排入湖泊的污水进行脱磷、脱氮的深度处理，并且限制含磷洗涤剂的使用，对于防止富营养化确有效果。

另外，有些国家对已经富营养化的水体进行人工治理。对水深超过 8 米的深湖底层湖水曝气，增加溶解氧，使底泥中的营养物在好氧条件下分解，减少湖中的总营养量；对水深 2～8 米的浅湖，进行上下搅拌充氧，使底泥中的硫化氢臭气逸出湖外，底泥中的营养物在好氧条件下分解；对湖深不足 2 米的，采用挖泥法，使湖泊变得清澈、透明。我国用挖泥法治理杭州西湖，取得了成功。

城市污水排入河流

# 淮河流域综合整治

在全国八届人大四次会议通过的关于《国民经济和社会发展"九五"计划和 2010 年远景目标纲要》中提出对淮河、辽河、海河、松花江、黄河、珠江和长江七大流域进行水污染治理，拉开了我国河流水系大流域综合治理的帷幕。

新中国成立时，国家就把淮河列为第一条全面治理的大河，投入大量人力、物力和财力，修建起可供防洪、排涝、灌溉、供水、水产、航运、发电的水利工程体系。

淮河起源于河南桐柏山太白顶，沿华夏腹地东流，一路汇集 580 条支流，最后汇入江苏洪泽湖，遂取道长江出海，流域面积 32.74 万平方千米。延绵 1000 千米的淮河是流域内 1.5 亿人民的骄傲，"走千走万，不如淮河

水质污染监测

工业废水处理设备　　　　　　　　　污水处理厂

"两岸"的民谣广为流传。然而如今的淮河水质逐渐恶化，淮河主流已经混浊不清，多数支流发黑发臭，鱼虾绝迹。

据 20 世纪 90 年代中期统计，淮河流域近 50％的河段已失去了使用价值，成为死河；豫、皖、苏、鲁四省数十个县市的一百多万人饮水困难，守着淮河没水喝；污染事故接连不断地发生，自 1988 年以来，仅安徽阜阳地区发生死鱼事件就有 200 起；而与此同时，整个流域三十多座城市、近千家企业每天向淮河及其支流排放工业废水、生活污水 700 万吨；56.5％入河排污水浓度严重超标；全流域已建和在建的污水集中处理厂只有 3 个，全部污水处理率仅有 33.1％……

1995 年 8 月 8 日，李鹏总理签发颁布了中国历史上第一部流域法规——《淮河流域水污染防治暂行条例》，使污染治理走上了法治轨道。

大流域水污染治理作为一个复杂的工程，是我国环保事业的新课题，淮河流域污染防治是我国流域水污染防治的重大举措。在 1994 年至 1997 年期间，全国共关闭 63 000 家污染严重的工厂，仅在淮河流域就关闭5700

化验人员分析采集来的水样，　　　黄土高原小流域水土保持综合治理
确定污水处理的质量

家。到 1997 年底，淮河治理一期工程完工，流域内城市污水排放已达到国家控制标准。1998 年开始的为期 3 年的二期工程，投资 150 亿元人民币，在淮河两岸建造 27 座污水处理厂，争取尽快把淮河水变清。

# 保护蓝色家园

海洋覆盖了地球表面的 71％，蕴藏着无穷无尽的资源。人们把海洋称为人类的第二家园。人类社会的发展必然会越来越多地依赖海洋。

联合国确定 1998 年为国际海洋年，1998 年世界环境日的主题是——为了地球上的生命，拯救我们的海洋。这足以表明全世界对海洋的关注，海洋污染已令人担忧。

由于沿海大量的工业废水和生活污水以及入海河流携带着大量污染物进入海洋，造成沿大陆海域严重污染，以致出现海水富营养化现象——赤潮。赤潮是指在积聚大量营养物的海湾，特殊的浮游生物——"赤潮"生物大量繁殖，飘浮在海面形成大面积的红色海潮。美国、日本、中国、加拿大、法国、韩国等三十多个国家和地区都频繁发生赤潮。赤潮给海洋生态环境、海洋渔业带来灾难，对人类健康和安全造成了威胁。

遭破坏的红树林

海底油田井喷造成海洋石油污染

人类在海上从事的运油和海底石油开采活动，常常给海洋带来严重的石油污染。一次海上油轮触礁或海洋油田事故，就会使数万吨原油泄漏，使几千平方千米的海域蒙难，大量海洋生物遭殃。

一些核大国向大海倾倒核废料，以及核试验、核潜艇等都会给海洋带来核污染。目前，有数十艘核潜艇出没在海洋中，约有 48 枚核弹、11 个核反应堆被遗弃在海底，对海洋环境构成了巨大威胁。

美丽的芬兰湾

我国拥有 300 万平方千米的蓝色海洋国土和丰富的海洋资源，已开发的渔场面积达 81.8 万平方海里，已鉴定的海洋生物物种达 20 278 种，可进行人工养殖的浅海滩涂水面 260 万公顷，海洋石油资源约 250 亿吨，天然气资源量约 8.4 亿立方米，此外沿海地区还有 1 500 多处旅游娱乐景观资源，拥有丰富的海洋可再生能源，因此海洋是我国珍贵的资源宝库。然而我国也是世界上海洋灾害最严重的国家之一。污染引发的赤潮生物灾害频繁发

广西山口红树林自然保护区

江苏射阳滩自然保护区

生。据统计，50 年代以前的赤潮记录仅有 3 次，80 年代以后猛增至 221 次，仅 1990 年就达 34 次；1989 年河北黄骅沿海的赤潮造成 26 000 亩（1 733公顷）虾池受灾，经济损失上亿元。近几年来，赤潮发生次数呈快速增加之势，1998 年渤海发生 5 000 平方千米大面积赤潮，史所罕见，严重威胁了近海滩涂的海水养殖业，使经济鱼类物种急剧下降，鱼群密度大大降低。由于人为破坏的因素，我国海岸带生态系统严重退化。可以防浪护岸、净化海水、供水禽鱼类栖息繁育的红树林群落，从 50 年代初的 5 万公顷降到现在仅存 1.5 万公顷；海南岛沿海珊瑚礁 80％受损，活珊瑚减少 95％；原来大面积覆盖海岸的滨海湿地植被现已寥若晨星，大大降低了对

海洋风暴潮灾和污染的防灾减灾能力。这一切使加强管理、保护海洋成为我国政府的重要议题。

1982年，我国颁发了《中华人民共和国海洋环境保护法》，此后还颁布了6个有关海洋环境保护的管理条例，以及十余项政府各部门制定的海洋环境保护规章和保护标准，形成了海洋环境保护法律体系，维护了《联合国海洋法公约》确立的国际海洋法律原则。

我国已逐步建立了海洋环境保护管理体制，建立了全海域海洋监测网和近岸海域环境监测网。对海洋污染的管理贯彻预防为主、防治结合的方针，重点防治陆源性污染，严禁在海上处置一切放射性物质和焚烧有毒废物，逐步停止海上倾倒工业废物。目前已建立各类海洋自然保护区（包括海湾保护区、海岛保护区、河口海岸保护区、珊瑚礁保护区、红树林保护区、海岸泻湖保护区、海洋自然历史遗址保护区、海草床保护区、湿地保护区）59个，总面积达1.29万平方千米，以更好地保护渔业水域的生态环境。

# 垃圾废渣污染

垃圾即指城市垃圾，包括居民生活中扔弃的食物废料和废旧用品，商业、机关的废弃物，以及市政维护、管理部门清出的碎砖瓦、树叶、污泥等。废渣指生产活动中丢弃的固体废弃物。不过，废弃物不等于废物，因为一种过程的废弃物，可能成为另一种过程的原料。

矿山废物煤矸石占用土地、污染环境

垃圾废渣是个世界性问题。全世界每年产生垃圾大约 450 亿吨，而且随着生活水平的提高，垃圾数量也在增加。美国三个月废弃的铝就够造一架飞机。

浪费是垃圾污染的催化剂。许多东西不是用到不能用了再扔，而是不想用了就扔。商品的外包装越来越讲究，一件简单的商品也要包上几层，致使垃圾数量年年增加。

废弃的商品包装袋垃圾

我国 1993 年的城市垃圾数量已达 1.6 亿吨，城市人口平均每人每天产垃圾 1.3 千克。我国有 2/3 的城市陷入垃圾包围之中，再也找不出堆、埋的地方。堆放的垃圾还常常发生事

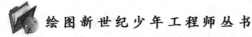

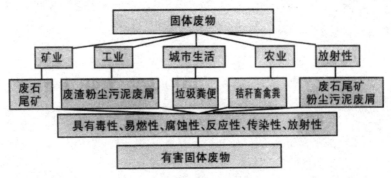

固体废物分类示意图

故。1994 年 7 月上海黄浦区、8 月湖南岳阳市、12 月重庆市连连发生垃圾爆炸事故。

废渣主要有冶金废渣，包括高炉渣、有色金属渣、铁矿渣、钢渣等；燃料废渣，包括粉煤灰、煤渣等；化工废渣，如碱渣、钡渣、铬渣等等。据有关资料统计，全世界工业每年产生大约 21 亿吨固体废物和 3.4 亿吨危险废物。

我国每年产生各种工业固体废物即废渣和尾矿近 6 亿吨，而且呈逐年增长的趋势。由于历年堆存，我国大约已积存废渣和尾矿 53 亿吨，占地 5 万公顷，其中占用农田约 0.4 万公顷。

垃圾、废渣会通过各种途径污染环境，危害人体健康。

堆放垃圾、废渣占用大量土地，污染土壤。每占地 1 公顷，就有 1～2 公顷土壤受污染，而且有害成分还可能随雨水渗

被垃圾污染的河流

入地下，污染地下水，那就更危险了。所以，垃圾、废渣不可随意堆放。

有些沿江河湖海的企业，长期向水体排放灰渣等废物。仅电力系统一

・92・

年向长江、黄河等水系排灰渣就达 500 多万吨，造成河道堵塞和水体污染。

灰渣中的尘粒、粉末受风吹、日晒，加重了大气污染。垃圾露天堆放，使蚊蝇肆虐，影响城市卫生。垃圾中含有许多致病微生物，若管理不当，将成为疾病的传染源。

有毒有害废渣，若不作专门管理与处置，危害更严重，不仅造成农田、菜地减产，还会通过粮食、蔬菜、水源对人体造成危害。

垃圾堆还散发恶臭，臭气中含有许多对人体有害的气体。例如甲烷，刺激性很强，且易燃易爆，是造成垃圾堆爆炸事件的罪魁祸首。被垃圾臭气污染的大气，易引发呼吸道疾病。

# 垃圾制沼气

用磁铁吸取废铁

　　垃圾中含有大量有机物，可以用来生产沼气。生产沼气，首先要从回收垃圾中分拣出有用的东西。分拣主要根据各种废材料的物理性能不同，分别采用不同的方法。例如用磁铁吸附废铁，利用光电系统和光电管分选各种玻璃，利用振动弹跳法分选软、硬物质，利用各种分离器分选轻重不同的物质。

　　美国俄亥俄州富兰克林市自动化垃圾分选厂将金属、玻璃等分拣出来，再将垃圾由运输带送入水力破碎机，经底部的旋转刀粉碎成浆状。回收的废铁卖给钢厂，回收的废纤维再经两步脱水后，卖给造纸厂。垃圾经分选后，拣出可利用部分，剩余的残渣按照规定进行填埋。填埋的场地，应选在远离水源、污染物不会渗入地下水层的地方。场地的底土要用打夯机捣实，保证不透水。在夯实的底部铺设沼气采集系统。填埋时将废物分层平铺，分层夯实。与此同时，垃圾中每隔一段距离下入管井，管井与底部沼气采集系统相连，以便将来导出沼气。最后用回填土覆盖，并在盖土

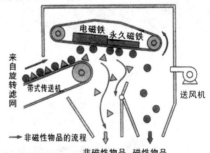

带式传送机
电磁铁　永久磁铁
来自旋转滤网
送风机
→ 非磁性物品的流程
非磁性物品　磁性物品

垃圾风力分选设备

层上种植各种花草树木，于是，一个身披葱绿新装的垃圾沼气场便大功告成。

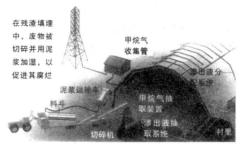

垃圾废渣填埋场

在密封条件下，开始时好氧细菌利用残留的氧气分解有机物，但残留的氧气很快被耗尽，厌氧细菌便进行分解有机物的活动。有机物经厌氧菌的发酵、分解，产生沼气和一部分一氧化碳和二氧化碳气体。

大约两年后垃圾沼气场开始大量产气，将所产沼气送到发电厂或燃气站去发电，也可直接用做工业能源。例如，美国新泽西州的一个工厂，每天从垃圾沼气场获得 28 000 多立方米的沼气，用来加热 30 吨重的铁水包，还用于熔炉和热处理工艺中。沼气为该厂提供了 15％～20％的能源。

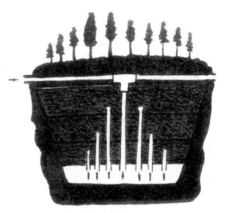

垃圾制沼气示意图

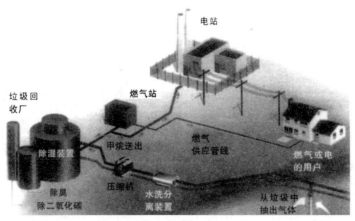

从垃圾回收沼气发电

现在，全美国的垃圾沼气场可供全美国沼气需求量的 5％。美国加利福尼亚州生产的垃圾沼气量最多，接近沼气总用量的 10％。目前，美国已有这样的垃圾沼气场一百五十多个，其中的一百多个垃圾沼气场可产气 30～40 年，多数可发电规模为 1～2 兆瓦，较大的在 10 兆瓦左右。

供给方向
辊式送料机
锤
炉条
防振橡胶
防振底座

# 垃圾制肥料

　　垃圾堆肥是较常用的城市垃圾生物转化方法，它类似于我国传统的农家堆肥方法，所以人称"天然处理过程"。而实际城市垃圾堆肥，是在一定的人工控制条件下（有的加入专门培养的菌种，如在好氧堆肥中加入纤维分解菌，

旋转式破碎机

在厌氧堆肥时加入固氮菌），通过微生物的生物转化作用，快速而高效地使分选出来的垃圾中的可生物降解的有机成分（如菜叶、树叶、废纸、剩饭等）分解转化为腐殖质的微生物学过程，产生的肥料为堆肥。

　　堆肥可分为好氧（气）和厌氧（气）两种方式。厌氧堆肥是在密封隔

垃圾分选和焚烧时的除尘装置

桨式发酵槽

垃圾分选破碎分类装置

绝空气的条件下，将垃圾堆积发酵，生物转化机制与有机废水厌氧处理相似。厌氧堆肥需要的时间较长，一般要10个月以上，不适于大规模堆肥。

好氧堆肥是使垃圾堆体持续均匀地通风，在供氧充足的条件下，产生出大量好氧微生物，将垃圾中的纤维素、木质素等有机物转化为简单而稳定的腐化物的过程。好氧堆肥分解转化快，一般5～6周即可完成，适于大规模生产，机械化堆肥。

城市垃圾快速堆肥的工艺流程包括垃圾加工、材料回收、发酵、熟化、产品加工与贮存几个阶段。其生产线可表示如下：

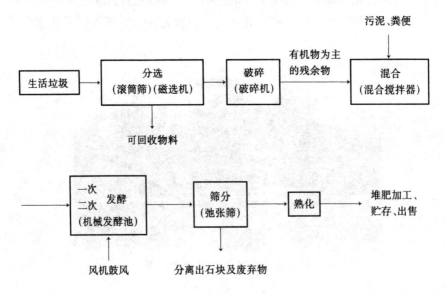

　　需注意的是堆肥的质量控制，包括有害成分的控制达标和有效成分的质量要求等。

　　北京市石景山区五里砣建有一家现代化的垃圾处理厂，即北京市城区垃圾处理示范中心。他们采用先进技术，以生活垃圾为原料生产复合肥料，1997 年日处理垃圾量为 300 吨，每天可生产复合肥料 100～150 吨。我国其他城市也开始用城市垃圾生产肥料。利用城市垃圾制造肥料，值得大力推广。

# 废塑料的妙用

　　现在，塑料垃圾已是无所不至，就连八千多米高的世界屋脊珠穆朗玛峰和八千多米深的海底深处，都有被丢弃的塑料瓶、塑料袋，使环境受到污染。人们称之为"白色污染"。

　　人们为了治理"白色污染"，除了对部分塑料用品直接回收利用外，还研究出多种处理技术，变废为宝。

**废塑料制油**

　　日本有位名叫仓田的工程师，从事废品处理多年。他发明了"裂解废塑料装置"，能迅速使废塑料魔术般地变成燃料油，堪称"魔罐"。

　　在东京以西的岛根县松江市郊区的一座小厂里，参观人员围在"魔罐"周围观看废塑料变油的"魔术"表演。操作工人将装满废塑料的袋子扔进锅炉里。几秒钟之后，拧开锅炉上的龙头，一股略显黄棕色的液体流淌出来了。操作人员迅即将一根吸油绳放入流出的液体中浸泡了一下，再捡起吸油绳用打火机一点，火苗"腾"地一下窜了起来，吸油绳"吱、吱、吱"地燃烧起来了。

　　仓田的方法是一种全新的方法，是根据波状运动原理，在锅炉里巧妙地设计构成一种特殊条件，能够产生波能，以波能击碎塑料的聚合分子链，并结合化学方法，不断加

洗净

切碎

加入二甲苯溶剂，
在不同温度下分离

熔化的废塑料
可抽丝

入5种不同的催化剂，以加速裂解过程，还加入特制溶剂以溶解裂解产物。用这种方法，投入1千克废塑料能产出1.2升煤油。在德国，开发了"再循环原油"技术，回收多种废塑料，使塑料垃圾分子在高温高压下发生氢化作用，从而还原成为原油。

### 废塑料变成新毛衣

在1994年的法国巴黎博览会上，西班牙的奥洛特纺织公司展出了他们的新产品——汽水瓶毛线（用废汽水瓶为原料生产），以及用它织成的汽水瓶毛衣。汽水瓶毛衣表面不起球，抗磨损，洗涤后干得快，不需熨烫，可多次拆洗重织。据说用废汽水瓶生产毛线这项技术是在著名的意大利化学家、1993年诺贝尔化学奖得主米里奥·纳塔精心指导下获得成功的。

这项技术的要点是：首先将回收的废塑料瓶清洗干净，除去商标牌等杂物；随后将洗净的废塑料瓶辗压或剁切成小块，把不同原料来源的废塑料分开；然后按照常规加工工艺把塑料熔化，在一定温度、压力和流速条件下拉成丝，再按常规方法纺成纤维，染色后即成汽水瓶毛线。虽说方法简单，可关键的一步并不容易。在整个加工过程中，如何将不同原料来源的废塑料准确地分开是个

汽水瓶毛线和毛衣

关键。对此，美国有一项发明专利，可以解决这个问题。他们的办法是，将切碎的混合塑料溶解在二甲苯溶剂中，溶解时控制不同温度，能将混合塑料逐一分开，效果很好。例如，制作热饮料杯的聚苯乙烯可在室温下溶解，生产胶片的低密度聚乙烯于 75℃ 下溶解，其他塑料在 138℃ 下全部溶解。在各不同温度下收取每种溶液，分别过滤，除渣，并在真空状态下将二甲苯溶剂蒸发回收，最终获得纯净的塑料粉末。

此外，北京化工大学开发了一项新技术——用废旧塑料做成塑肥。在高温下将塑料变成液态，再将农药和化肥添加到其中，成型加工成片后剪切成条形，就制成了塑填肥料，简称"塑肥"。

制造一次性餐盒的泡沫塑料破碎后，加温、加化学试剂可制成防腐涂料；泡沫塑料回炉制成的胶体，加锯末粘合建筑材料——陶粒，可大大增加材料的韧性。

可回收能源的垃圾热解炉

# 垃圾热解

　　大多数有机化合物具有热不稳定性，当其置于无氧或缺氧的高温条件下，经分解与缩合，有机物转化为分子量较小的气态、液态或固态组分，有机物的这种化学转化过程称为热解。垃圾热解处理就是利用有机废物的这种特性，在高温无氧或缺氧条件下对其进行无害化处理的一种方法。热解的产物主要是可燃的低分子化合物：气态的氢、甲烷、一氧化碳；液态的甲醇、丙酮、乙酸、乙醛等有机物及焦油、溶剂油等；固态的焦炭或炭黑。这些产品都可以回收利用。

　　垃圾中的废塑料、废橡胶制品、废纤维、废纸张，甚至脱水后的污泥（来自污水处理厂）等，一切可燃成分都可以通过热解变为燃气或燃油。大约每吨精选的城市垃圾，经热解气化可制得353立方米可燃气体。

　　意大利曼内斯曼公司的办法是先清除垃圾中的金属物体和含铁材料，然后将垃圾粉碎压制成冰砖样的垃圾砖块。下一步是将垃圾砖块装入高大的热解气化炉，并

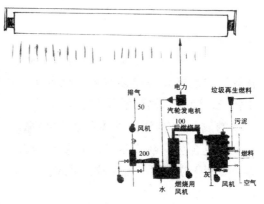

污泥与垃圾的热分解体系

绘图新世纪少年工程师丛书

通入蒸气使热解炉中的大部分热解产物气化，然后将气化气导入燃气轮机，供发电用。最后剩余灰烬只有原垃圾量的 15％～20％。

美国加州有家靠垃圾可燃气发电的电厂，这家电厂一昼夜可加工分解50 吨经过压缩预处理后的垃圾。

热分解技术用于处理废旧轮胎等橡胶制品很有效。将废旧轮胎破碎，用磁选法去除钢铁杂质后，在 450～500℃下进行热解，得到的气体物质可作为燃料气，炭化物作为固体燃料。气体物质也可以经冷凝后成为燃料油，再进行分馏，可分出轻质油和重质油。一般轮胎热解回收物中重油占 50％～55％，炭化物占 32％～37％，瓦斯气占 15％。

垃圾热解与垃圾焚烧相比，热解气化排出的废气要少得多，大大减少了二次污染。而且，热解温度较低，减少对炉体的腐蚀，能延长炉体的使用寿命，经济上更合算。缺点是垃圾预处理较复杂，多用于废塑料、废橡胶的处理。

# 垃圾焚烧与发电

垃圾经过焚烧，可大大减少其体积和重量，体积一般可减少 80%～90%，同时可以杀灭病原菌。

垃圾起重吊车

以全自动垃圾起重吊车，将贮存在垃圾坑内的垃圾进行搅拌，进而投入焚烧炉

在发达国家，焚烧法处理城市垃圾已有完善的处理工艺和系统的设备，能充分利用有机废物燃烧所释放的热能。一般焚烧 1 千克经分选后的城市垃圾可产生 0.5 千克蒸汽。

一个垃圾焚烧厂，应拥有若干台焚烧炉，每台焚烧炉配有柴油点燃器和助燃器。焚化炉单独有烟道，将高温烟道气通入废热锅炉。

垃圾焚化过程全部实现自动化。垃圾收集后，由专用特种汽车运往焚

●流程图

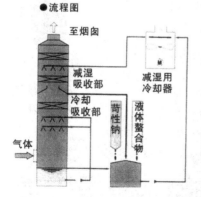

至烟囱
减湿吸收部
冷却吸收部
减湿用冷却器
苛性钠
液体螯合物
气体

湿式有害气体去除装置

烧厂，自动过磅后，车辆退到一定位置，仓门自动打开，垃圾倒入储存大坑内。因为设有负压装置，垃圾的异味不会散发到周围空气中。

垃圾倒入大坑后，其中含铁类金属被磁性装置吸附分离出来。然后由吊车上的抓斗把垃圾抓拌均匀，并吊入焚化炉漏斗口。垃圾由漏斗口先进入预热区，预热后温度达230℃。随着炉排的

名古屋市垃圾焚烧设备
**该设施垃圾处理量为日本最高水平**
（500吨/日×3台＝1 5000吨/日）

缓缓运行，垃圾移向高温区进行燃烧，炉温保持800～900℃。垃圾燃烧产生的高温烟道气通入废热锅炉，产生高压高温蒸汽，带动汽轮发电机发电。

垃圾经过2小时高温燃烧后，留下的灰渣经过排渣器用水熄灭后，自动排出，由皮带输送机运到堆场上，另作处理。

焚化炉出口的有毒有害气体，如氯化氢、氟化氢、一氧化碳等在专门配套的半湿式反应炉中得到净化处理。烟道气通过过滤式静电除尘器，粉尘被去除99％以上。排出的烟气经检验合格后，最后导入废热锅炉。

在整个垃圾焚烧过程中，各种监测数据随时显示在电脑荧屏上。

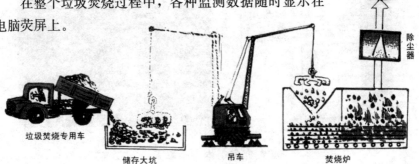

　　许多国家采用垃圾焚烧产生的余热来供暖或发电。英国有 700 多个垃圾焚烧厂为 3 500 千瓦电机供应热蒸汽。法国巴黎焚烧垃圾能满足全市 1/3 居民取暖供热，每年节约石油 22 万吨。日本有近 2 000 座垃圾焚烧厂，京都就有 11 座，每年可发电几亿千瓦。据报导，50 万人的垃圾焚烧后所回收的电力相当于 2 万人的用电量。可见，垃圾焚烧法是很有前途的处理方法。

# 垃圾废渣的卫生填埋

　　垃圾废渣经回收利用和无害化处理之后，总有一些剩余物需作最终处置，陆地填埋就是最终处置的方法之一。一般城市垃圾和无害化的废渣是从环境卫生角度考虑而填埋，叫做卫生填埋；而有毒有害废物也作填埋处理，那是基于安全的考虑，叫做安全填埋，二者在操作上也大有区别。

　　这里介绍卫生填埋方法。首先，选择填埋场地很重要。要尽量选闲置的荒地，避开自然保护区、居民区、珍贵动植物栖息地；避开各种管道和输电线路；避开滑坍区、断层区以及下面有矿藏、溶洞的地区。计划填埋场的基础必须高出地下水位至少 1.5 米，避开水源蓄水层。

　　填埋的方法可因地制宜。如果有天然沟洼地，又符合做填埋场地的要

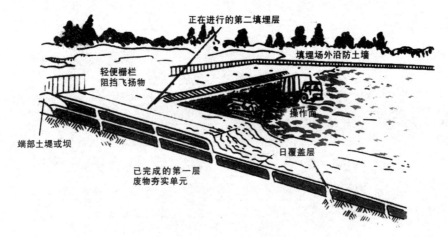

地面堆埋型卫生填埋场操作方式

求，就可用来填埋垃圾废渣。填埋时要逐层填埋，每层厚度2～3米。埋完一层就压实一层，压实后用15～30厘米土覆盖。整个沟谷填满后，进行封场，封场高度应稍高于谷口上沿，以防积水。

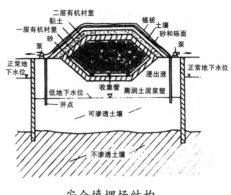

安全填埋场结构

没有现成的沟壑可利用时，可采用地面堆埋或开槽填埋的方法。

地面堆埋主要针对地质条件不宜开挖沟槽的平原地区。堆埋场起始端先筑一土坝作为外屏障，在坝内沿坝长方向堆卸垃圾废渣，逐层堆放，逐层压实覆土，每层厚度2～3米。最后覆盖黏土层，并可种植花草树木，形成有一定景观的人工假山。

有条件的地方，如土层较厚、地下水位较深，可采用开槽填埋法。一般开槽的长度为30～120米，深度为1～2米，宽4.5～7.5米。

无论采用哪种填埋方法，封场时都要考虑产气的导出和沥滤液的收集处理；同时要有详细的填埋记录，如填埋物的品种、数量、时间等；还应在填埋场树立醒目的标记，让人们知道，至少20年内这里不宜建造房屋，只能作为公园绿化地、农田或牧场用地。

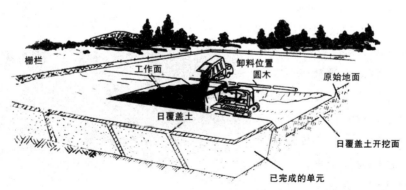

卫生填埋场开槽法操作图

用高炉渣制水泥膨珠混凝土建成的居民楼

# 废渣变建材

许多工业废渣如煤矸石、粉煤灰、高炉渣、钢渣、赤泥、铜渣、电石渣、废石膏等，含有硅、铝、钙等氧化物，其组成类似于天然建筑材料，因此可广泛用做建筑材料，如做水泥、砖瓦等墙体材料，以及混凝土骨料、道路材料等。

一般火力发电厂，工业和民用锅炉等燃煤设备排出的废渣，称为煤渣，或称炉渣；而燃烧过程中所产生的烟气经过烟道除尘器沉降下来的细灰或烟灰叫粉煤灰。实际上，人们常把炉渣和烟道灰统称为粉煤灰。

我国每年排放粉煤灰 1 亿吨左右。目前我国的粉煤灰利用率还不高，大约只有 27%。绝大部分粉煤灰被堆弃，占用大量土地，一年的弃倒费用达数亿元，并且污染土壤、水和空气，危害人

粉煤灰制砖设备与隧道窑

民群众的身体健康。所以，应该大力开发粉煤灰的利用技术。

利用粉煤灰烧砖制瓦在我国已有较长的历史，工艺成熟，吃灰量大，是我国利用粉煤灰的重要途径之一，占粉煤灰利用量的40%以上。每生产100亿块粉煤灰砖，可节省耕地67公顷，节省能耗48.9%。经改进工艺，采用不加骨料和自然养护技术，可生产出高质量的粉煤灰砖，其外形美观、重量轻、强度大、耐用性好。砖的原料配比是：粉煤灰84%，石灰12%，石膏2%，晶种2%。晶种是磨细的粉煤灰碎砖，起结晶中心的作用，能提高砖的强度4~5倍。

用粉煤灰生产轻质建筑材料也有很大发展，已生产有粉煤灰泡沫砌块，粉煤灰空心砌块，粉煤灰加气混凝土，粉煤灰陶粒，粉煤灰石膏板等。这些轻质墙体材料每平方米的重量只有一般混凝土墙体的

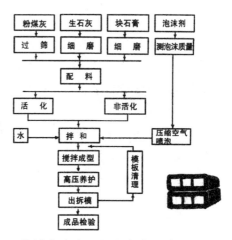

粉煤灰泡沫混凝土砌块工艺流程

粉煤灰建材厂

40%~60%，可减轻墙基负荷，节省材料消耗，降低造价，还有保温、隔热、吸音、耐震的特点。

粉煤灰还可用做生产水泥的原料。粉煤灰经脱炭、磨细、干燥、再加工后可作为水泥掺合料，制成的水泥不仅质量好，价格也低廉。

高炉炼铁，炼1吨铁排渣600多千克，全国年排高炉渣2 000万吨左右，利用率约80%，主要用于生产矿渣砖、矿渣混凝土、矿渣碎石、矿渣水泥、矿渣棉、微晶玻璃等。例如，钢铁厂将高炉渣进行水淬处理，即在出渣时用水使渣淬急剧冷却，使矿渣变成疏松、多孔的易于粉磨的颗粒，

可用于生产矿渣水泥。

　　煤炭工业在采煤和洗煤过程中排出煤矸石,排量一般为煤产量的20%,全国一年约排 7 000 万吨,利用率为 20%。煤矸石中硅、铝、铁氧化物总含量在 80%以上,所以,它是一种天然粘土质的水泥原料,可用来生产各种水泥。

　　煤矸石也可用于生产墙体材料,如烧结煤矸石砖、煤矸石空心砌块、微孔吸音砖、煤矸石陶粒等。利用煤矸石和石灰石为原料,还可生产煤矸石棉,用于制造轻质楼盖和管道隔热层、保温层等。

# 有毒有害渣的处理

有毒有害渣是指对人类健康及环境具有危害性的废渣，包括具有易燃性、毒性、腐蚀性、反应性、传染性、放射性等的废渣。

工业有害渣种类繁多，常见的有含油废渣；含芳烃类渣；含氯酚类渣；含铬、镉、汞、铅等重金属及砷的废渣；含氰化物类渣；含生物碱类渣；含有机有毒溶剂、农药残留物；含高浓酸、碱渣类等。

处理有害渣也应首先考虑回收其中的有用物质。例如，石油化工企业生产添加剂过程中排出的钡渣油，经蒸馏可回收 $C_8$ 油。

有些有害渣可资源化。例如石油化工生产中的液态烃碱洗碱渣，其主要组成是硫化钠（2.7%）、氢氧化钠（5%）、碳酸钠（6%）以及少量的酚等有机物。这种碱渣稍加处理就可用做造纸工业的蒸煮液。

有些有害渣经解毒处理后可以综合利用。冶金和化工部门在生产金属铬或铬盐过程中排出大量铬渣，大约每生产1吨金属铬排放铬渣15吨；生产1吨重铬酸盐排出铬渣3吨。我国每年排放铬渣十几万吨，累积堆放量达250万吨。铬渣中毒性大的是六价铬（有致癌性），可将六价铬还原为毒性小的三价铬，并在解毒基础上综合利用，使其中的铬

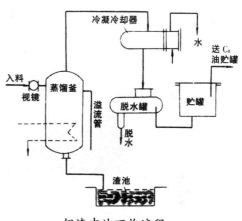

钡渣中油回收流程

不易被水溶出。方法有熔融固化法，烧结固化法，胶结固化法，干式、湿式解毒法等。

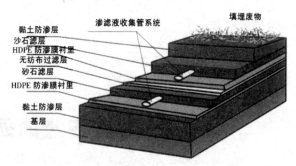

危险废物安全填埋场

熔融固化法，是使铬渣在高温下熔化，并在还原条件下使其中的六价铬转化为三价铬，形成含三价铬的熔体，冷却后成为玻璃态固熔体。该法已应用于以铬渣代替铬铁矿做玻璃着色剂；以铬渣代替高温熔融法制钙镁磷肥所需的助熔剂——蛇纹石；以铬渣代替石灰石、白云石做炼铁熔剂等。

烧结（半熔融）固化法，是将铬渣制成砖坯在1 000℃左右的温度下缎烧，并加入还原剂，使渣中六价铬转化为三价铬，可制青砖或红砖；如果在配料中掺人适量的加气剂，可制建筑用轻骨料——陶粒。

胶结固化法，是将铬渣解毒后固结和封存在硬化块内。该法可使铬渣用于配制水泥石灰砂浆，或制蒸养砖，或制成水泥固化物用于填海造地和铺路面。

干式解毒法，是在还原剂存在下，用中温（800～900℃）焙烧，使铬渣中六价铬转化为三价铬。解毒后的废渣可用做水泥掺合料。

湿式解毒法，是用硫化钠还原六价铬，生成三价铬沉淀物，分离并煅烧沉淀物得到三氧化二铬，可用于冶炼金属铬或作为油漆颜料。

用混凝土固化重金属有毒废渣

　　最后应考虑严密处置无法利用的有害渣。有机废渣可采用焚化法；重金属等无机有毒废渣可采用水泥固化法或热塑物固化法；在确保不污染地面水及地下水的情况下，可在山谷中填埋有害渣。

　　无论用什么方法处置有毒有害渣都必须严格施工和严密管理。

# 噪声污染

人类生活的世界是一个充满声音的世界。声音是通过物体机械振动传播的。有声音才能用语言交流思想，传递信息，才能听音乐，使生活变得丰富多彩。但是，那些杂乱无章的、令人厌烦的声音，人们称之为噪声。实际上，只要是人们不愿意听的声音，都可以说它是噪声。

噪声的强弱一般用"分贝"来表示，分贝数越大，表示噪声越强。

一般来说，噪声为 60 分贝以下的环境是安全的环境，在这种环境中读书、写字不受干扰。噪声污染是指 80 分贝以上的噪声环境。除了声音强弱外，噪声声调高低对人的影响也不同，声音越尖，即噪声频率越大，对人的干扰越大。噪声频率在 1 000 赫以上，为高频噪声；在 500～1 000 赫，为中频噪声；在 500 赫以下为低频噪声。

发出噪声的物体称为噪声源。城市由于人口稠密，工厂商店集中，来往车辆也多，噪声源有很多，其中交通噪声影响最为普遍。

汽车的引擎声在 90 分贝以上，轮胎与路面的撞击声达 95 分贝，排气管若不加消声器噪声可达 100 分贝以上。铁路客运车站一般接近市中心，

0～10 分贝 人耳刚能听到

20 分贝 手表嘀嗒声

30 分贝 轻声耳语

40 分贝 安静房间

60 分贝 普通说话

火车车轮与轨道的碰击声，机车运转、放气、鸣笛、刹车、转弯等都会产生很大的噪声。在距离火车道中心线 10 米处噪声约 90 分贝。城市上空飞机不时地起飞或降落，飞机越顶时噪声达 100 至 120 分贝。城市水域和旅游地区常有船舶航行，游船机房噪声高达 110 分贝。

城市噪声除了来自交通外，还来自工厂和建筑工地以及生活和社会活动等许多方面。

科学研究表明，适合人类生存的最佳声环境为 15～45 分贝，而城市中 60～85 分贝的中等噪声最为广泛。中等噪声能使人注意力不集中、烦躁不安、工作效率降低，引起失眠等症状。

一般噪声达到 85 分贝时就会对耳朵造成伤害。配有耳塞的收音机或"随身听"，可产生 100 分贝的噪声，若耳不离机地听着"随身听"，噪声就会"蚕食"听力。

长期处在噪声污染的环境中会引发噪声病，主要症状为头晕、头痛、失眠或嗜睡、记忆力减退、易疲劳、爱激动等，但脱离这种噪声环境后，症状就能慢慢消失。许多证据表明，有些心脏病和高血压与噪声有关。

噪声污染是优生优育的障碍。调查表明，高强度噪声区母亲孕育的婴儿体重平均比低噪声区的偏低。在噪声污染的环境中生长的儿童比安静处的儿童平均智力低 20%。

70 分贝 繁华街道上

80 分贝 公共汽车内

90 分贝 火车通过时

110 分贝 电锯开动时

140 分贝 喷气式飞机起飞时

160～195 分贝 火箭发射时

| 各种环境下的噪声强度 | 单位：（分贝） |
|---|---|
| 人耳刚能听到 | 0～10 |
| 手表嘀嗒声 | 20 |
| 轻声耳语 | 30 |
| 安静房间 | 40 |
| 普通说话 | 60 |
| 繁华街道上 | 70 |
| 公共汽车内 | 80 |
| 火车通过时 | 90 |
| 电锯开动时 | 110 |
| 喷气式飞机起飞时 | 140 |
| 火箭发射时 | 160～195 |

# 噪声的测量

在城市的交通要道，有时会发现竖立着一种仪器，仪器上显示着不断变化的数字，那可能就是测量噪声的监测仪。

为了控制噪声，必须对噪声进行测量与分析。一般噪声监测仪，主要由微音计、声级计、数据处理传输装置、调制装置、显示仪等组成。噪声由微音计的敏感元件接收，传给声级计，迅速测出噪声级别，经数据处理装置处理，一边自动记录在记录仪上，一边将分贝数在显示仪窗口显示出来。因为马路上来往车辆不同，产生的噪声强度不同，显示的数字就不断变化。

测量噪声选点很重要。假如为了了解机器噪声对操作人员的影响，即

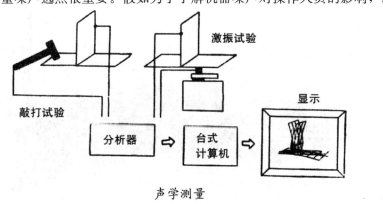

声学测量

从劳动保护观点测量噪声，可把测点选在工作人员操作位置的人耳高度；如果为了了解某设备对环境的噪声干扰，可把测点选在需要了解的地点，或者选在距该噪声源10米、50米、100米、200米、1 000米或更远的距离进行测量；对于行驶的汽车、拖拉机等机动车辆，一般选取距车体中心线 7.5 米、高出地面 1.2 米为测点；对于城市街道噪声，测点一般选在人行道和马路交界处高出地面 1.2 米为宜。

在噪声测量中，还应尽量避免本底噪声对测量的干扰。本底噪声就是被测噪声源停止发声时，周围环境的噪声。

噪声测量是件很细致的工作，虽然测量数据能自动记录，但是测量人员每次进行测量时，都应在记录上详细标明测点、测量仪器的型号以及被测声源的状态等。

### 各类机动车辆加速行驶时车外最大允许噪声级（单位：分贝）

| 车辆种类 | | 车外最大允许噪声级不大于 |
|---|---|---|
| 载重汽车 | 8 吨≤载重量＜15 吨 | 89 |
| | 3.5 吨≤载重量＜8 吨 | 86 |
| | 载重量＜3.5 吨 | 84 |
| 轻型越野车 | | 84 |
| 公共汽车 | 4 吨＜总重量＜11 吨 | 86 |
| | 总重量≤4 吨 | 83 |
| 轿 车 | | 82 |
| 摩托车 | | 84 |
| 轮式拖拉机（44 千瓦以下） | | 86 |

注：手扶拖拉机的评定指标按轮式拖拉机的指标执行。

### 城市各类区域环境噪声标准值（单位：分贝）

| 适用区域 | 昼 间 | 夜 间 |
|---|---|---|
| 特殊住宅区 | 45 | 35 |
| 居民、文教区 | 50 | 40 |
| 一类混合区 | 55 | 45 |
| 商业中心区、二类混合区 | 60 | 50 |
| 工业集中区 | 65 | 55 |
| 交通干线道路两侧 | 70 | 55 |

# 吸 声

一般噪声由噪声源传递到接受者，既可以通过空气传递，称为空气传声，也可能通过建筑结构传递，称为固体传声。吸声技术一般用于降低空气传声。

当声波传播到任何一个物体表面时，总会有一部分能量被吸收，并转化为热能而逸散。这就是吸声控制噪声的原理。用吸声材料装饰建筑物内表面，或悬挂空间吸声体，使室内噪声得到一定程度的降低，这种控制噪声的方法叫做吸声。

不同的材料对声波的吸收程度也不同，这种性能用吸声系数来表示。吸收系数等于吸收的声能与入射声能之比。通常材料吸声系数都在 0～1 之间。较好的多孔吸声材料大都是松软或多孔的，而且孔与孔之间互相连通。吸声材料的吸声效果的优劣顺序为：玻璃棉、矿渣棉、卡普隆纤维、

石棉、工业毛毡、加气混凝土、木屑、木丝板、甘蔗板等。另外，泡沫塑料也有吸声性能，但要看是哪一种，只有聚酯型泡沫塑料和尿醛泡沫塑料才具有吸声性能，而市面上常见的聚氯乙烯泡沫塑料，没有通气性能，所以不吸声。

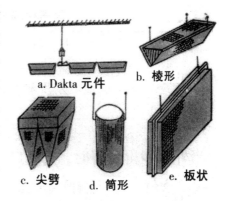

几种空间吸声体造型

吸声材料因为质地疏松，使用时需用对吸声材料吸声系数影响不大的金属网、塑料窗纱、玻璃布、纱布，以及穿孔板或穿缝板等护面层进行护面处理。

吸声除了用玻璃棉这类多孔性材料外，还可以采用薄板吸声结构、穿孔板吸声结构、微孔板吸声结构等。

建筑中常用的薄板吸声结构，有胶合板、草纸板、硬质纤维板、石膏板、石棉水泥板等板材后面设置空气层（8～10厘米厚），板材和

安装在酿酒厂装瓶车间的空间吸声体和穿孔板吸声结构

空气层共同组成共振吸声体。北京的人民大会堂就采用了这种结构。这是在墙壁上安装了大面积的钉在木龙骨上的塑料贴面五夹板，由五夹板和空气层（木龙骨的厚度）组成的结构，形成一个共振系统。普通仅由薄板和空气层组成的吸声结构，吸声系数还不够高，如果在板与龙骨交接处放置一些海棉条、软橡皮、毛毡等软材料，或者在空气层中，沿龙骨四周放一些多孔吸声材料，可以提高吸声系数。

有时为了充分发挥吸声材料的吸声作用，提高吸声效率，节约材料，把吸声材料做成"空间吸声体"，悬挂在顶棚上。"空间吸声体"可以做成平板形、球形、圆锥体、六面体或楔形等多种形状，同时起到装饰的效果。

**绘图新世纪少年工程师丛书**

## 吸声材料分类及其特性

| 分　类 | 材　料 | 构造特性 |
|---|---|---|
| 多孔性材料 | 玻璃棉、石棉、矿渣绒喷涂材料，软质氨基甲酸乙酯泡沫（连续气泡） | 选定厚度，表面处理，背后设空气层 |
| 板（膜）状材料 | 合成板，石板，金属板等 | 面密度，背后设空气层，底层材料 |
| 共鸣型材料 | 在板状材料上开有孔穴或狭缝 | 孔穴和狭缝尺寸，板厚，背后空气层，底层材料（多孔性材料） |

头夹　耳罩
耳垫　耳杯

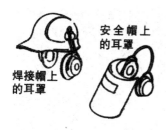

焊接帽上
的耳罩

安全帽上
的耳罩

头盔

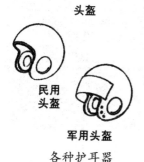

民用
头盔

军用头盔

各种护耳器

# 隔 声

很多人都有经验，当外面吵得厉害时，把窗户关严，室内就能安静一些。这就是利用窗户隔声的作用。

隔声就是利用围护结构（如墙板、门窗、隔罩等）把声音限制在某一范围内，或者是在声波传播的途径上用一屏障物（声屏装置）阻挡声波的传播，使其不能顺利通过，部分声能被遮挡而降低噪声。隔声分为空气声隔绝和撞击声（或固体声）隔绝，在噪声控制工程中，区分二者相当重要。重而密实的钢筋混凝土楼板对隔绝空气声效果很好，而对于机器运转引起楼板振动激发的固体声，其隔绝性能很差；有些隔绝固体声较好的材料，如地毯、软橡胶等，却不能隔绝空气声。

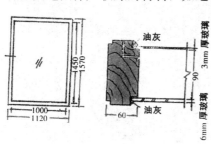

可开启的双层木窗隔声性能

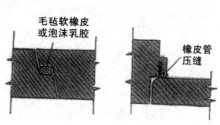

门缝的密缝示意图

砖墙、钢板、钢筋混凝土、木板等材料是较好的隔绝空气声的材料。要提高单层板材的隔声量，只有加大板材的厚度，但这样做不合算。有空气夹层的双层板结构比同样重量的单层板结构隔声效果好得多，隔声量可提高5～10分贝，所以，采用双层结构比单层要经济得多。

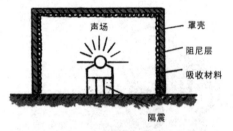

隔声罩

如果采用一层重墙和一层轻墙构成双层墙，并在两层间的空气层中填充多孔吸声材料，效果会更好。

安装隔声门、窗能起到很好的隔声效果。普通隔声门扇的制作方法是用1毫米厚的铝合金板或钢板做基层板，在其上涂1～3毫米厚的沥青石棉漆，并粘贴0.5毫米厚的钢板作为空气约束层，组成复合板，中间的空气层厚度70毫米，并在其内填充超细玻璃棉，可达到平均隔声量35～40分贝。双层玻璃组成的隔声窗平均隔声量可达44.6分贝。安

拱形防噪声屏

安设太阳能电池板的公路隔音屏

装隔声门、窗都要求四周压缝做得很严密。

对于噪声很大的柴油机、汽车发动机、电动机、空压机等，采取加设隔声罩的办法来减少噪声干扰。

世界上许多城市在高速车道旁修建隔声墙，高度在 1.5 米至 2 米左右，迎向车辆行驶的墙面用吸声材料建造，总体构成吸声—隔声复合型障墙，可使传至路旁建筑内的噪声平均降低 10 分贝左右。我国上海市、北京市、天津市等大城市都建有这种隔声墙。

美国至今已建成 1600 千米的公路隔音屏，对噪声超过 67 分贝的公路消减噪声。有研究表明，若将隔音屏上部边缘做成有棱角参差不齐的形状，能使噪声沿直角边缘衍射，进一步降低噪声。

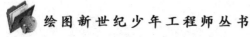
抗(扩张室) 阻(吸声材料)

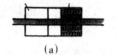

(a)

抗(扩张室) 阻(吸声材料)

(b)

# 消 声

抗(共振器)　阻(吸声材料)

(c)

风机、喷嘴或油泵等机器振动使气流受到扰动而引起空气动力性噪声。环境工程中，一般采用消声技术防治空气动力性噪声，就是在空气动力设备的气流通道上选择安装各种消声器，使该设备的噪声得到降低。消声器是既能阻止声音传播又允许气流通过的装置。

抗(共振器)　阻(吸声材料)

(d)

按照不同的消声原理，消声器可分为三类：阻性消声器、抗性消声器和阻抗复合消声器。

抗(穿孔屏) 阻(吸声材料)

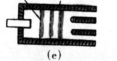

(e)

阻性消声器是利用吸声材料消声的。把吸声材料固定在气流管道内壁，或按一定方式在管道中排列起来，排列成哪种形式，就构成哪种类型的阻性消声器。如直管式（方管或圆管）、片型、折板型、声流式、蜂窝型、弯头型以及迷宫型等多种阻性消声器。阻性消声器适用于中、高频噪声的衰减治理，已被广泛应用。

抗(穿孔屏) 阻(吸声材料)

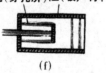

(f)

抗性消声器不使用吸声材料，而是利用管道

几种阻抗复合消声器示意图

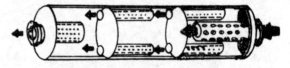

有内插管的三级扩张室消声器
**(适用于大型柴油机的排气消声)**

安装管道消声器的城市

(a)

(b)

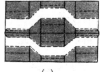

(c)

(d)

(e)

(f)

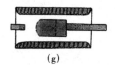

(g)

几种微穿孔板消声器的结构示意图

截面尺寸的变化，把部分声波向声源反射回去，经多次反射，沿通道继续向前传播的声波只剩一小部分，从而达到消声的目的。抗性消声器的种类繁多，较常用的有扩张室式、共振式和干涉式。抗性消声器适用于消除中、低频噪声。

阻抗复合消声器是阻性和抗性消声器串联而成，达到宽频率范围内良好的消声效果。通常抗性部分放在前端，即气流的入口处；阻性部分放在消声器的后端，即气流出口处。其消声量大致为抗、阻消声量相加之和。

为了克服阻抗复合消声器因采用吸声材料，在高温（特别是有火时）、蒸气浸蚀和高速气流冲击腐蚀下使用寿命较短的缺点，纯金属结构的宽频带消声器——微穿孔板消声器诞生了。它使用钻有许多微孔的薄金属板代替吸声材料，能在较宽的频率范围内消除气流噪声，又具有耐高温、耐油污、耐蒸气和耐腐蚀等性能，适合于排放空气及内燃机等排气系统的消声。用于不同条件下的专用微孔板消声器有：鼓风机进排气消声器及通风空调消声器、燃气轮机消声器、飞机发动机试车消声器及内燃机消声器等。

放空排气噪声是工业噪声中的突出污染源，如电厂锅炉排气、冶金工业中的高炉放风、化工等企业中高速气流的排放等。放空排气气流压力大、流速快，必须采用特殊的放空排气消声器。工程上常用的几种放空排气消声器是：节流减压排气消声器，用于高压、高温放空排气，消声量一般在15～25分贝；小孔喷注消声器，适用于流速极高的放空排气；节流减压小孔喷注复合排气消声器，综合前两种消声器的特性，能适用于不同压力的高速放空排气，消声量可达30～50分贝，尤其适用于发电站锅炉安全门进行放空排气。

# 隔振和阻尼

振动除了直接通过固体传至人体并危害人体健康以外，更是噪声产生的根源，因此隔绝阻断振动的传递，既能控制振动的危害，又是减少噪声的重要手段。

隔振是在振动源（机器或设备）和其基地之间安装减振器或隔振垫，以弹性支撑代替刚性连接，从而降低从振源传到地基的振动力。

减振器的种类很多，大致可分为金属弹簧、橡胶类减振器和气体弹簧三大类。

钢弹簧减振器应用最为广泛，常用的有螺旋弹簧、锥形弹簧、圈弹

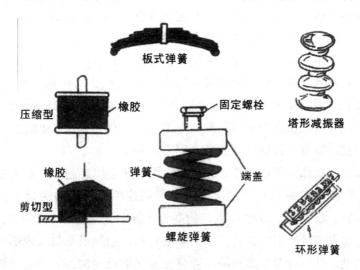

板式弹簧

压缩型　橡胶

橡胶

剪切型

固定螺栓

弹簧　　端盖

螺旋弹簧

塔形减振器

环形弹簧

几种减振器

簧、板片弹簧等，其中螺旋弹簧在机器减振中用的最多。小螺旋弹簧能负载几千克重的小机器，大螺旋弹簧能负载几十吨重的大机器，而且在高温、油污、潮湿的恶劣环境中使用仍保持良好的减振性能。钢弹簧减振器的缺点是易传递高频振动。

橡胶类减振器的应用也很多。当振动传至减振垫层时，在垫层内部产生错动摩擦，使部分振动能量转变成热量而耗散掉，起到减振的作用。这一类中包括橡胶减振器，橡胶或软木、矿渣棉、玻璃纤维、毛毡等其他材料的隔振垫及橡胶接头等。橡胶接头也叫避震喉，用在空压机、柴油机、冷冻机、给水泵等机械设备的管道连接处。

在工程实践中，往往使用系列化的减振器，以增强减振的效果。如金属—橡胶减振器，软木—橡胶减振器等。

隔振垫有软木、毛毡、橡胶垫和玻璃纤维板等，它们的价格低廉，安装方便，可以按需要裁成不同大小，也可以重叠起来使用。家用冰箱、洗衣机等电器，如果发现噪声过大，就可在脚部和地面之间垫上橡胶垫，减少噪声。

抑制薄金属板振动则采用阻尼的办法。空气动力机械的管道，机器的防护壁，隔声罩的

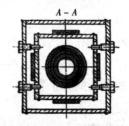

1. 底座 2. 橡胶 3. 支座 4. 橡胶 5. 螺钉 6. 弹簧 7. 外罩 8. 定位套 9. 螺栓 10. 螺母 11. 斜垫圈 12. 弹簧垫圈 13. 通风机减振基础支架

TJ 型钢弹簧减振器

外壳，车体、船体、飞机的外壳等，一般均由薄金属板制成。它们的振动会形成空气声。阻尼就是在薄金属板上紧贴或喷涂一层内摩擦大的材料（阻尼材料），如沥青、软橡胶或其他高分子涂料，当金属板发生振动时，其振动能量迅速传给紧贴在它上面的阻尼材料，引起阻尼材料内部的摩擦和相互错动，使一部分金属板振动能量变成热能而耗散掉，于是减弱了薄金属板的振动，从而降低了金属板的噪声辐射。

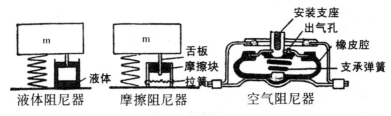

带有减振器的阻尼装置

国产的阻尼材料有石棉漆、硅石阻尼浆、石棉沥青膏、聚氯乙烯胶泥和软木纸板等。涂在金属板上的阻尼材料，其厚度应当为金属板的三倍以上，或者为金属板重量的20％以上，而且应当紧密地粘附在金属板上，这样才能得到良好的阻尼效果。

### 常用减振材料

| 材　　料 | 容许负载（kg/cm²） |
|---|---|
| 海绵橡皮 | 0.3 |
| 软橡皮 | 0.8 |
| 天然软木 | 1.5～2.0 |
| 软木板 | 0.6～1.0 |
| 硬毛毡 | 1.4 |
| 软毛毡 | 0.2～0.3 |

# 以声治声

早在 1933 年德国工程师鲁埃格已制造出粗糙的声音抵消器，取得了世界上第一个以声治声的专利。以声治声的原理是用一种频率与噪声相同而相位正好相反的声波——镜像声波来干扰噪声，使噪声在传播之前就被"吃掉"。这在理论上是完全正确的，但在实际上限于当时的技术条件而无法操作。因为噪声是无一定规律的瞬息万变的声波，要制造出和噪声频率完全相同只是相位相反的声波谈何容易！

随着微电子技术和计算机技术的迅猛发展，这种以噪声防噪声的巧妙设想变成了现实。20 世纪 80 年代，美国弗吉尼亚州一家制造装卸谷物机械的公司，制造出了以噪声消除噪声的装置。这种装置的主要构件是麦克风、计算机和扬声器。麦克风就像这个装置的耳朵，一"听"到机器发出的噪声，就立即把信息传送到专用的微型计算机。计算机如同该装置的"大脑"，对"耳朵"传来的噪声信息进行快速分析，并根据分析结果发出指令，"指挥"扬声器迅速发出声波还击噪声。这种噪声与机器发出的噪声除了相位相反以外，声波的波峰高低、频率快慢等完全一样，结果正好抵消了机器发出的噪声。

装卸机上安装了这种消声装置，能使

装卸机吸管产生的噪声由 123 分贝降低到 80 分贝，这已符合一般机械噪声的标准。

和其他控制噪声的方法比较，这种以噪声消除噪声的方法是主动式的方法。它不仅能消除高频噪声，还能消除工业设备产生的低频噪声。这种主动控制噪声系统的扬声器体积小，可以灵活安装在飞机或汽车的座椅枕头上，乘客坐在座椅上就听不到噪声了。主动控制噪声系统还可以做成各种耳机形式。在"隆隆"轰响的建筑工地上，在声音刺耳的直升机内，甚至在家中，戴上这种耳机就可以消除各种噪声，却能听到电话铃声和门铃声。

20 世纪 90 年代，美国和日本几家公司研制成以每秒钟进行数百万次运算的电脑为核心的"镜像声"系统。美国、英国、法国、日本等发达国家试验在豪华小轿车里安装这种噪声控制系统。美国还试验用这种消声系统消除工业空调器、抽风机的噪声，一般可降低噪声 10～15 分贝。

# 音乐屏蔽噪声

"音乐是人生最大的快乐，音乐是生活中的一股清泉，音乐是陶冶性情的熔炉。"这是我国音乐家冼星海的名言。

音乐是崇高的艺术，是经过演奏家或歌唱家艺术构思后表演出来的声音，能使人们得到艺术的享受。然而，音乐能够抵消噪声，防治噪声污染却又是一大发现。在日本的某些大城市的十字街头、公园等地，就有这样的"演奏家"，时时刻刻在那里演奏音乐。它们其实是一些控制噪声的环境音乐装置，也叫音乐屏蔽噪声装置。

交通繁忙的十字街头、公园和影剧院都是噪声污染的重点区域。现在，日本东京赤坂大厦、多摩市文化中心、名古屋市内的公园等地都修建了音乐塔，塔中安装有音乐屏蔽噪声装置，起到抵消噪声的作用。

音乐屏蔽噪声装置，其制作技术虽然相当复杂，但是基本设计原理还是以声治声。按照噪声的强弱，由电脑控制，配以相应的音乐，使音乐的波峰与噪声的波谷相重叠，就可以起到抵消噪声的作用。

安装在大街上的音乐屏蔽噪声装置

音乐屏蔽噪声装置是在电子音乐技术基础上发展起来的。电子音乐是 20 世纪 50 年代兴起的一种音乐表现形式。电子音乐的合成器可以直接控制音调、音色、节奏和力度，从而可以产生出各种奇妙的音乐来。根据电子音乐技术原理制造出的"音乐屏蔽噪声"装置，它发出的音响就像无形的网罩一样，把噪声的部分声音挡在罩内，使噪声减弱，变得模糊不清。

马德里街头能消除噪音的雕塑

办公室也适于安装音乐屏蔽噪声装置。办公室里电话的铃声、打字的声音、人们的洽谈声，以及其他机械噪声交织在一起，经常搞得人们心烦意乱，无法专心致志地工作。若把办公室分隔成打字间、电话间、洽谈间等若干小间，针对每小间的噪声大小，安装音乐屏蔽噪声装置，就能分别抵消那里的噪声，从而减弱整个办公室的噪声，改善人们的办公条件，有助于提高办公效率。

在西班牙马德里街头，有一座用金属棒制作的现代派雕塑，两位物理学家发现这座雕塑能先借其独

办公室里装上了音乐屏蔽噪声装置

特的造型干扰声波，消除噪音，与音乐屏蔽噪音有异曲同工之妙。科学家们正在研究以特殊的雕塑造型用于新型消音材料上，以消除特定的音频。

# 能吸噪声的轮胎和公路

路面交通是环境噪声的一大来源。噪声主要是由于高速行驶的车辆的轮胎与路面相互摩擦所致。为此，科学家们研究让轮胎和路面把产生的噪声吸收掉的方法。

多孔板可以吸声，受此启示，工程师们研制成功多孔沥青混凝土，用来筑路，以降低噪声。多孔沥青混凝土能够像玻璃纤维等多孔吸声材料那样，将大量的振动能量转变成为材料内部的热能而散发，使振动和噪声得以迅速衰减消失，它的降噪声性能相当于减少75％的交通流量。

科学家还设计制造了一种多孔轮胎，同样可以吸收它与路面接触时产生的空气振动，从而减少噪声。

但是，美中不足的是，在寒冷地区，冬季来临时，路面经常被冰雪覆盖，路面上的小孔隙全部塞满冰雪，这样就使多孔沥青混凝土公路在漫长

能吸收噪声的公路的剖面示意图

能吸收噪声的轮胎

的冬季里失去消声作用。

科学家们想出一种办法，研制出一种既能吸掉噪声又不怕结冰的新材料——粒料水泥，人们称之为"全天候"新材料。采用粒料水泥铺路，首先要用普通混凝土打底，就是用普通水泥拌以石料，铺成大约20厘米厚的路面，然后在这一层的上面铺上大约2厘米厚的一层粒料水泥，再在路面上喷洒化学阻滞剂，防止水泥灰浆凝结在路面上，待到12小时以后，用机械刷刷去水泥灰浆，形成颗粒凸露的路面。由于凸粒不规则，轮胎与路面接触产生的振动，经过每个凸粒来回反射而能量大大损失，从而能够有效地消除噪声，而且还能防滑。1996年英国已在邓卡斯顿北部和伦敦南部的埃普索姆建成了两条粒料水泥高速公路。经测量其减噪能力，一般比普通沥青公路低2~3分贝。

无接缝
胎面涂层　吸振橡胶

采用了自动改进设计法设计的5种胎纹不规则排列

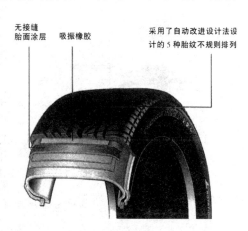

# 噪声的利用

噪声危害人体健康，是一种环境公害，但是噪声也可以利用，从而变害为利。

首先，噪声毕竟也是一种能量存在形式，是一种声能，弃之可惜。一架飞行中的喷气式飞机，发出的噪声约160分贝，功率相当于10千瓦。因此，科学家们正在寻找利用噪声的途径。

噪声可用于食物干燥。当噪声声波到达食物表面时，有一部分能量被食物吸收并转化为热能，于是水分子蒸发而食物得到干燥。而且，噪声用

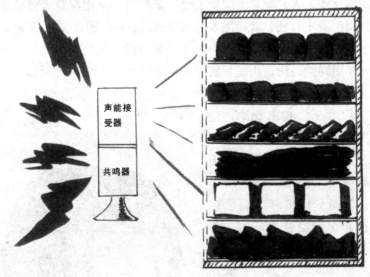

噪声干燥食品示意图

于食物干燥的效果比传统方法更优
越。传统的脱水干燥法，即热处理的
方法会使食品损失营养成分，影响食
品的质量。而用噪声波高速冲击食
品，不仅脱水效率高，是传统干燥技
术的 4～10 倍，而且卫生方便，还能
保持食物的质量和营养成分。

　　科学家们已初步研制出一种声能
接受器，将声能接受器与一共鸣器相
连接，以增大声能集聚。接受器和共
鸣器收到声能，再经声能转换器，便
可将声能转换成电能，实现用噪声发
电，从而变害为利。

　　人们还设想将工业厂房等机械噪
声通过声能接受器和共鸣器收集起来
用于制冷。

　　20 世纪 90 年代美国已试制成功
第一台噪声制冷设备的样机。它的基
本构造是：一只大圆筒里叠放一些玻

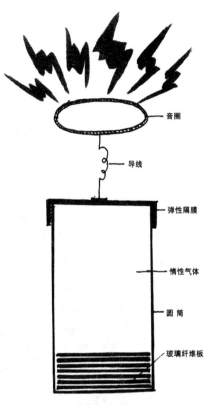

噪声制冷原理示意图

璃纤维板，主要起传热作用；圆筒的一端完全封死，另一端用弹性极好的
隔膜密闭起来，筒内充满惰性气体；一磁铁式音圈通过导线与圆筒的隔膜
相连接。这样，就组成了一个微型传声器。经过集聚的声波作用于弹性膜
时，弹性膜就会随声波而振动，振动会挤压筒里的惰性气体，于是惰性气
体随着隔膜振动而压力发生变化。结果是气体被压缩时，筒内温度升高；
压力减小时，气体发生膨胀，筒内温度下降。这个过程和现在用的空调
机、电冰箱上的压缩机作用过程相似，所以噪声可以用来制冷。噪声制冷
技术很受重视，世界上许多科学家正在积极研究和开发噪声制冷技术。

　　除此之外，噪声还被用于安全报警，用于提高农作物产量，用于制造
噪声除草器等。噪声在很多方面都可能得到利用。

# 放射性污染

种类繁多的原子核，有些是稳定的，有些是不稳定的，它们能自发地改变本身的核结构成为另一种新的原子核，这类原子核常称放射性核，这种过程称为核衰变。核衰变过程中总伴随着带电粒子（如 α、β 粒子）或者非带电粒子（如 γ、χ 射线）的辐射，统称为核辐射或放射线。放射性核素有些是天然的，有些是人工的。

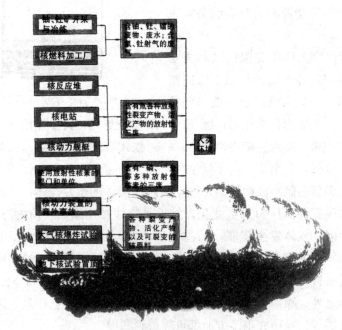

人工放射性物质污染环境示意图

人类生活在地球上，时时刻刻在接受着来自宇宙（宇宙射线）、土壤、岩石和水中的天然放射线，这叫天然本底辐射。本底辐射剂量较小，而且80%是外照射，对人体一般没有伤害。

放射性污染主要指人工放射性的污染，主要来源于生产、研究和使用放射性核素的部门排放的放射性"三废"，以及核武器试验产生的放射性物质。

在一般情况下，每人每年从环境中受到的人工辐射剂量不超过 1 毫希［沃特］（100 毫雷姆），而且主要来自医疗剂量。在正常情况下，这些剂量不足以对健康造成危害。

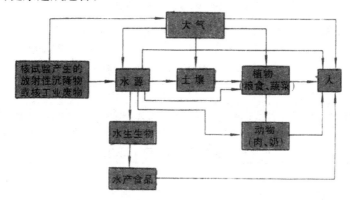

放射性物质进入人体的途径

对人体产生严重危害的放射性主要来自核武器爆炸和核事故。如 1957年 10 月 8 日英国核反应堆发生事故，严重污染了周围地区，并影响到欧洲大陆，周围地区牛奶中的碘 131 最高达 51.8 千贝可［勒尔］/升（＝1.4微居里/升），致使约 700 平方千米地区内的牛奶在短期内不能食用。1986年 4 月 26 日前苏联切尔诺贝利核电站发生事故，大量放射性物质外泄。估计受核辐射影响的居民有 1 万至 3 万人，共有 526 个居民点的 13 万居民陆续搬迁。

全身若遭受放射性急性照射，会明显伤害人休的各种组织、器官和系统。

放射性急性照射与超过容许水平的小剂量长期照射都有可能诱发恶性肿瘤，致白血病或白内障，使寿命缩短，还可能影响后代，致后代变畸形或患癌症。妊娠期妇女遭受辐照会引起胎儿畸形和流产。

### 全身放射性急性照射可能出现的临床症状

| 受照剂量戈〔瑞〕 | 临床症状 |
|---|---|
| 0.5 | 血象有轻度变化，淋巴细胞与白细胞减少程度不严重 |
| 1 | 恶心、疲劳，20%～25%发生呕吐，血象显著变化，轻度急性放射病 |
| 2 | 24小时后恶心、呕吐，经一周左右潜伏期后，毛发脱落、厌食、全身虚弱，并伴有喉炎、腹泻，若以往身体健康，一般可望短期内康复 |
| 4（半致死剂量） | 几小时后恶心、呕吐，二周内可见毛发脱落、厌食、全身虚弱、体温上升，三周内出现紫斑及口腔、咽喉部感染，四周后出现脸色苍白、鼻衄、腹泻，迅速消瘦，有50%照射者死亡，存活者六个月后恢复健康 |
| 6（致死剂量） | 受照射1～2小时内出现恶心、呕吐、腹泻等症状。潜伏期短，一周后就出现呕吐、腹泻、咽喉炎、体温升高，迅速消瘦，第二周出现死亡，死亡率近100% |

# 放射性废物的安全处理

核工业、核电站和核燃料后处理厂均有大量放射性废水和固体废弃物，必须进行安全处理，以防对环境造成污染。

对于放射性废水，按照国际原子能机构的建议，根据废水的放射性浓度水平进行分类处理。处理方法有蒸发浓缩后贮藏、蒸发、离子交换、化学沉淀等。对放射性浓度高于 $10^{-6}$ 毫居里/升的还要加以屏蔽处置；对放射性浓度低于 $10^{-6}$ 毫居里/升的，可排放于水体或稀释后排放。

把核废料深埋地下

放射性废水经浓缩处理后的化学沉淀污泥、离子交换树脂再生废液、失效的废离子交换剂、吸附剂和蒸发浓缩残液等放射性浓缩产物，要作固化处理，主要有玻璃、陶瓷、水泥、沥青等固化法。固化后待作永久性处理。

放射性固体废物包括废矿渣、放射性物质污染的各种器物。

对于铀矿渣，我国《放射防护规定》中规定："比放射性大于 $3.7 \times 10^3$ 贝可［勒尔］/千克（$1 \times 10^{-7}$ 居里/千克）者，应按放射性废物处理。"目前的处理方法是堆存或者回填矿井。

受放射性沾污的器物一般采用压缩处理，压缩后掺入水泥、沥青或玻璃等介质，形成固化体，待作最终处置，即永久性处置。

对那些放射性较小的放射性废物，固化后装入合金棺，密封，投入

2 000～10 000米的深海进行水葬；也可以选择陆地处置的方式，选择地质稳定、散热条件好的废盐矿坑作为墓穴，固化后的放射性废物密封在不锈钢棺中，埋进深 600 米的墓坑，周围用膨润土和特制的粘土加填封固。

放射性废水及固体废物作固化处理后，最终处置是根本问题，特别是高水平放射性废物的最终处置最难办。

对于高浓度放射性废物，特别是乏燃料（使用过的核燃料），固化后密封在不锈钢罐内，一般都堆放在核电站的地下储藏室或核废物场，至今未找到最理想的处置办法。美国已经贮存了约 2.8 万吨乏燃料，足以在一个足球场上堆放 3 米高。这样堆存很危险。美国汉福德核基地就有 177 个巨大的高含量核废料地下储罐，其中有 67 个罐

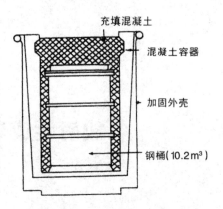

充填混凝土
混凝土容器
加固外壳
钢桶（10.2m³）

放射性固体废物的处置与运输容器（混凝土壁厚 5～30cm）

用航天飞机把核废料送入太空

把核废料沉入深海

用"火葬法"处理核废料

开始渗漏，有的还可能会发生化学爆炸。不得已，美国于 1994 年开始动工在地质条件较好的尤卡山开凿 U 形环路隧道，准备在那里集中储放不锈钢储罐，预计放置 1 200 个储罐，最后完工开业大约在 2010 年。

虽然科学家们提出"天葬"和"火葬"的办法，但是由于技术等原因均未成熟，目前仍处于研究之中。"天葬"就是把固化后的核废料密封在合金棺内，棺外装上隔热外套，然后用航天飞机送入太空了事。"火葬"是把放射性废物放人合适的泥土深坑，用特制的盖子盖好，插入电极，通电后产生强大电流，使坑内的泥土升温并熔化，由于热的对流作用，使核废物均匀地分布在浆状的泥石熔融物里，冷却后形成坚硬物，其硬度高于天然花岗石和大理石，渗透性更低，体积也缩小好几倍，最后用泥土把坑顶封死，防止外泄。

放射性废物的安全处置问题已经限制了核电的继续发展，是一个亟待解决的问题。

# 用加速器处理放射性废物

目前处理放射性废物的办法，或填海，或深埋地下封存，都是等待放射性物质自然衰变，并要保证整个保存期间不能有射线散发出来。但是，有些放射性物质靠自然衰变过程变为无放射性物质，需要很多很多年。例如钚是核反应堆主要的一种核废料，已知对人类毒性极强，微克量的钚就能使动物致癌。它的半衰期超过 24 000 年，就是说消失一半就要 24 000 年，这意味着永远不会自然消失。再如锝 99，它的半衰期更长，达 250 000 年，就是这种核废料，在美国华盛顿州的能源仓库里已存放了几十吨，一直无法处理。

合肥国家同步辐射实验室储存环

加速器储存环隧道像条龙

科学家们研究用废料加速器衰变法处理这类核废物。

废料加速器衰变法中有一种方案是用粒子加速器加速质子，再用加速的质子猛击金属靶即产生中子流。然后用重水使中子减速，之后中子大量簇射到废料上，被放射性核物质所俘获。该核废料获得中子后就成为非放

用加速器给中子加速去轰击核废料锝99，使锝99变成了钌100

射性物质或半衰期较短的放射性物质。半衰期很短的放射性物质通过自然衰变过程能较快地变为无害物质。

例如，用废料加速器衰变法处理锝99放射性废料，是将锝99废料经废料加速器装置转变成无害的钌100，并向反应器中通入臭氧使产生的钌100生成气态的四氧化钌而从反应器中逸出去，只留下锝99继续受中子作用。

除此之外，科学家还试验用高能加速器产生10亿电子伏特的质子流，让质子流去轰击核废料，使核废料重新变成高能燃料。有的科学家甚至大胆设想，在一台高能加速器周围建造几座核电站，让高能加速器产生的高速质子流轰击核废料，使它们周而复始地循环使用。这样，不仅大大减少核废料对环境的污染，也部分地解决核电站的原料问题。

北京正负电子对撞机储存环

兰州重离子装置主加速器

# 核污染土壤的治理

在现在的乌克兰境内，切尔诺贝利核电站核爆炸事故区，附近的居民早已迁移他乡，周围的土地因核污染而荒废。

法国核防护研究所的专家发现鹅观草能吸收污染土壤中的放射性核素。

鹅观草是一种多年生草本植物。在核污染的土地上精心种植鹅观草，草长到约10厘米左右高，用割草机割除几厘米，就能除掉土壤中几乎全部核污染物。把割除的草全部收集起来，放入焚烧炉里焚烧，留下的草灰按处理核废物的办法进行严密处理。

1991年夏天，已在切尔诺贝利核污染区进行了初次种植鹅观草的试验，割除5厘米高的草以后，土壤中95％的核素被除掉。据估计，在切尔诺贝利核污染区可以种植6万公顷鹅观草，那里的污染土地可望获得新生。

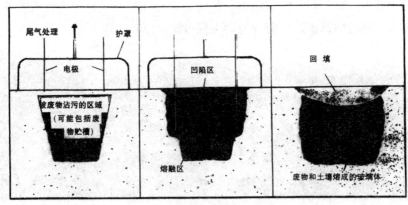

现场玻璃固化原理图

科学家们将类似鹅观草的能够清除污染物、保护生态环境的植物叫做生态植物。世界各国都很重视生态植物的研究与开发。

切尔诺贝利核电站

德国有 40% 的土地不同程度地受到有毒化合物和重金属的污染。现有的净化土地的方法既费钱又破坏土壤的生态环境。于是德国科学家着眼于生态植物，着手培育能吸收土壤重金属的植物。他们发现 1 公顷土地上种植嫩荞麦苗 200～300 吨，可以从土壤中吸取 24 千克铝和 322 千克锌。把荞麦苗送到发电厂做燃料，燃烧后其中的金属留在灰渣中。灰渣可以进一步用做肥料，施加给那些缺少这些金属的土壤。

加拿大的科研人员计划用遗传工程改良生态植物的净化功能。他们正在对油菜、烟草和紫苜蓿等植物进行遗传改良。已知金属硫蛋白能与金属结合，他们就把金属硫蛋白的人体基因嵌入这几种植物。目前正在试验用助催化剂加速植物吸收金属的反应。科学家的长远目标是利用这类转基因植物净化加拿大众多矿山附近的污染土地。

澳大利亚的科学家也发现他们国家沼泽地带的许多植物能将污染地下水的大部分重金属吸附到自身组织内。他们用这些生态植物净化农村饮用水源。

各国科学家们所开发和试验的这些生态植物，可以用于净化被同类重金属的放射性同位素污染的土壤。

此外，对于被放射性废物、混合废物污染的土壤，科学家们采用了一种热处理技术——现场玻璃固化。将电压加在石墨电极上，产生 1 600～2 000℃的高温，使被污染的土壤熔融成为导电物质，并发展成熔融区，冷却后的熔融体成为物理和化学性质稳定、抗浸出的玻璃体。这一方法多次在美国、日本、澳大利亚试用于被重金属、多氯联苯、二恶英、除莠剂和农药等污染的场地，取得较好的效果。

# 放射性污染的防护

放射性污染源，除了核工业、核电站、核武器试验以外，核科学研究单位、放射性同位素实验室、放射性医学诊断与治疗，以及其他大量应用放射性核素的部门都可能是放射性污染的来源。另外，放射性尾矿、稀土尾矿或其他稀有金属尾矿，以及磷酸生产厂和磷肥制造厂的"三废"中，也可能有微量的放射性污染物。在污染源附近的居民，或者从事有关工艺操作的人员应做好对低水平放射性污染的防护。

要做好防护，首先应了解放射线的性质。所有的放射性物质，放出的射线不外是 α 射线、β 射线，质子、中子等粒子射线，以及 γ 射线和 χ 射线。α 射线带正电荷，穿透能力最弱，在织物中的穿透距离不足 100 微米，一张普通的薄纸片就能阻挡它。如果是外照射，α 射线比较容易防御。

β 射线带负电荷，穿透力比 α 射线强得多。β 射线在织物中可穿透几个厘米，但 1 厘米厚的铝板可以挡住 β 射线。

一张纸就能挡住 α 射线，我有 1 厘米厚的铝板，不怕 β 射线

γ 射线和 χ 射线虽然来源不同，但都是不带电荷的短波电磁辐射。它们的穿透能力很强，需要用十几厘米厚的铅板才能阻挡它们。

放射性物质对人体的损伤，内辐照比外辐照的损伤大得多，所以应特别小心放射线对饮用水、土壤、空气、农作物的污染，防止放射性物质通过呼吸和食物进入人体。无论是外辐照还是内辐照，结果都会给机体的细胞、组织、体液造成损伤。辐射可能直接将机体物质的原子或分子电离，造成 DNA、RNA、蛋白质和一些重要酶类等大分子物质的结构破坏，导致基因突变，表现为癌症、白血病发生，或者因酶类被破坏而机体功能失调。射线也可能首先将体内水分子电离，生成活性很强的自由基或过氧化物，继而通过它们与机体大分子物质作用，破坏大分子结构，产生与上述相同的后果。

明白了上述道理，每个人对自己所处的工作和生活环境存在的小剂量放射性污染不能麻痹大意，要保持警惕，加强防护；但也不要惊慌失措。

这铅板有十几厘米厚，γ、χ 射线都不怕

## 我国放射防护规定中有关剂量当量的规定

| 受照射部位 | | 职业性放射性工作人员的年最大容许剂量当量[1]（雷姆） | 放射性工作场所相邻及附近地区工作人员和居民的年限制剂量当量[1]（雷姆） |
|---|---|---|---|
| 器官分类 | 名　称 | | |
| 第一类 | 全身、性腺、红骨髓、眼晶体 | 5 | 0.5 |
| 第二类 | 皮肤、骨、甲状腺 | 30 | 3[2] |
| 第三类 | 手、前臂、足、踝 | 75 | 7.5 |
| 第四类 | 其他器官 | 15 | 1.5 |

注：①表内所列数值均指内、外照射的总剂量当量，不包括天然本底照射和医疗照射。

②16 岁以下人员甲状腺的限制剂量当量为 1.5 雷姆/年。

# 电磁辐射污染的防治

在我们的环境中到处都有电波，我们生活在电波的海洋中，因为它看不见、摸不着，我们浑然不觉。

电波有来自自然界的。太阳和星星一刻不停地向宇宙空间发射着电波，连沉睡在地下的许多矿藏也常年累月地发射电波。雷鸣、闪电、刮台风时也会发射电波。人和动物体内有微弱的电流，可发出生物电波。电鳗在盛怒时，能发出致人于死地的强电流，发射出很强的电波。

电波就是电磁辐射。环境中

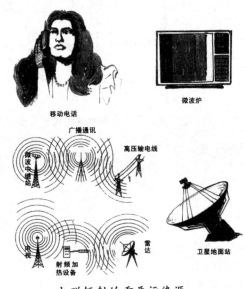

移动电话　微波炉

广播通讯　高压输电线

微波中继站　电视　射频加热设备　雷达　卫星地面站

电磁辐射的重要污染源

过多的电波，超过规定的安全卫生标准，会对人和生物体产生一定危害，称为电磁辐射污染，简称电磁污染。

电波有长波、短波、超短波和微波之分。电磁辐射的危害随着波长的缩短，对人体危害程度加大。中、短波频段的电磁辐射俗称高频辐射。经常接受高频辐射的人可能会感觉头痛头晕、疲倦无力、失眠多梦、记忆力减退、口干舌燥等；有的人表现出嗜睡、发热多汗、麻木、胸闷、心悸等症状；女性可能出现月经周期紊乱现象；少数人表现出血压升高或下降，出现心动过缓或过速、心律不齐等症状；有的人可能出现脱发症状等。超短波和微波对人体的伤害更大。由于它们的频率很高，有一部分辐射能被人体吸收并转变为热能，引起局部温度过高而造成伤害。

电磁辐射污染源主要有广播、电视发射系统的发射塔，人造卫星通信系统的地面站，雷达系统的雷达站，高压输电线路和变电站，各种高频设备（高频热合机、高频淬火机、高频焊接机、高频烘干机、高频和微波理疗机）以及微波炉等。移动电话频繁地与人体接触，也容易对人体造成伤害。

电磁辐射测量

控制电磁辐射污染必须采取以下措施。

整体防护，包括制定安全卫生标准，建筑设计、城市规划要注意到减少电磁污染。如无线电发射台、电视发射塔要建在高处，周围一般不建造居民住宅区；高压输电线下面不应有居民住宅。

对发射高频以上电磁波的设备，要严密屏蔽，严防泄漏。对电气和电子产品采用屏风式屏蔽体或隔断墙进行组件屏蔽和整机屏蔽，与人隔开。尤其是电磁辐射强度大的设备，如大功率高频和微波设备，屏蔽体结构设计要严谨，要求有接地处理。屏蔽的作用是使所有场源磁力线在屏蔽壳体中导流，避免漏散出去。屏蔽材料有金属薄板、金属箔、导电涂料、导电镀层、金属网、金属化织品（如渗银或渗铜尼龙布）等。

对接触电磁辐射的作业人员，可采取工作地点局部屏蔽加穿戴个人防护用具等措施。

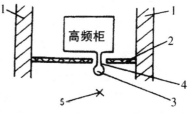

隔断墙式屏蔽体（人与设备隔离）
1. 墙；　2. 铜网屏蔽；　3. 感应圈；　4. 感应圈引出孔；　5. 操作位。

普通人员要注意个人防护。如尽量远离辐射源，因为随着距离的增加，辐射强度迅速减弱；接触辐射源时间不要太长，时间越长，影响越大。移动电话虽然加设屏蔽，但也要尽量减少接触。开启微波炉以后，操作人员最好离开微波炉远一点。

# 实 践 篇

　　千里之行，始于足下。环境保护可以从身边的事情做起。观察动植物的异常变化来监视环境污染，营造生态庭院、植造绿色围墙、自办"小肥料厂"（小沼气池）等，都能动手做，并且经过努力能做好。一些较复杂的工程技术虽不能一下子付诸实施，但是可以通过模拟试验，掌握它们的基本原理和方法要点。

　　古人云：勿以恶小而为之，勿以善小而不为。意思是说，不要因为某事害处不大就干，不要因为某事好处不大就不干。在大家动手保护环境的今天，每个人的力量有大小，但只要肯做，积少成多，必定会有成效。

　　实践的意义还在于将一步步地把你引向环保工程的大世界中去，到那里你可以充分发挥你的聪明才智，为改善全球环境建立功勋。

# 用植物监测环境污染

植物对环境污染物都有一定反应。有些植物对污染物的反应十分敏感，比人和动物敏感得多。科学家们将这类对污染物十分敏感的植物叫做指示植物。现在已经发现很多种指示植物，紫花苜蓿和唐菖蒲是其中的两种。

受氯污染伤害的指示植物——雪柳

紫花苜蓿是一种豆科植物，当空气中二氧化硫达到千万分之三时，紫花苜蓿就会出现中毒症状，首先是叶片上叶脉间和叶缘变白，严重时叶组织脱水、坏死，叶片焦枯直到死亡脱落。而人要到空气中二氧化硫含量达百万分之三时才能刚刚闻到气味，到百万分之三十时人才表现出咳嗽、流眼泪的症状。

受氨污染伤害的指示植物——木芙蓉

唐菖蒲能指示环境中氟化物的污染，空气中只要有十亿分之一的氟化

芝 麻　　　　蚕 豆　　　　紫花苜蓿

受二氧化硫污染的指示植物

（叶片显示污染伤害）

F⁺

郁金香：注意氟化物

唐菖蒲：我这正等着它呢！

物，它就表现出受害症状，而普通监测仪器无法检测出这样低浓度的大气氟化物。

我们可以在二氧化硫污染的居民区或工厂周围种植紫花苜蓿，来监视大气中二氧化硫的污染，并在无污染的清洁区也种些紫花苜蓿作为对照

$SO_2$

紫花苜蓿

杨树、桦树大哥哥，我早盯上它了！

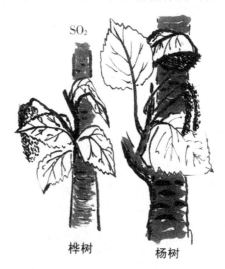

$SO_2$

桦树　　杨树

紫花苜蓿小弟弟，我俩发现了二氧化硫！

区。每隔三天或一周，分别观测并记录对照区和污染区紫花苜蓿的生长情况，如叶片数量、大小和叶色是否出现受害症状，记录出现受害症状的表现、程度和开始出现症状的时间等。国家规定一般居民区大气中二氧化硫最高允许浓度不超过千万分之五，只要紫花苜蓿生长良好，即指示这一区域大气中二氧化硫不超标；相反，如果紫花苜蓿表现中毒受害症状，则提醒我们应采取必要的措施来控制二氧化硫的污染。

像紫花苜蓿一样能指示二氧化硫污染的植物一年四季都有，春天有杨树、桦树、紫花地丁和早熟禾等，夏天有大麦、胡萝卜和菠菜等，秋冬有松树等。

指示其他污染物的指示植物也有很多。唐菖蒲、郁金香、杏树是环境中氟化物污染的指示植物；矮天牛、烟草、美洲五针松可用来监视光化学烟雾的污染；用棉花和兰花可以指示和监视乙烯污染；向日葵可指示氨污染；柳树能指示汞污染；复叶槭、落叶松、油松能指示氯气和氯化氢气体的污染等。

# 用动物监测环境污染

自然界中有许多动物对环境污染物特别敏感，有些甚至比分析仪器还要灵敏。因此，可以利用动物来监测环境。

尼日利亚首都拉格斯和几个工业大城市，在所有自来水管道网中养殖狗鱼来监测水质。狗鱼是生活在当地河流或湖泊中的一种淡水鱼，体长一米左右，性格凶狠。它的视觉和听觉能力很差，惟独嗅觉特别灵敏，对水中的有害物质，如酚类化合物、硫化氢、氨等，反应十分灵敏。狗鱼在水中来回游动，借助特殊的放大器不断地发出脉冲信号。在正常情况下，脉冲信号的振荡频率为每分钟 400～800 次，若有毒物存在，发出的脉冲信号产生相应的爆裂声，同时脉冲频率也减少到每分钟 200 次。这时，自来水管道网水质控制中心的信号盘就会发出预警信号——控制污染！

　　狗鱼监测水质只是动物监测环境的一个典型例子。平常，我们只要仔细观察一些动物的行为变化，也能帮助我们了解环境污染的情况。

　　蚯蚓是土壤污染的指示"剂"，把蚯蚓放在农药厂附近富含DDT等有机氯农药或有机磷农药的土壤中，蚯蚓会变得卷曲、僵硬和皱缩，体表形成肿块，严重者会很快死亡。因此，可以用蚯蚓监测土壤受农药污染的状况。

　　金丝鸟、麻雀、鸽子对一氧化碳很敏感，在技术不发达的过去，我国煤矿工人下井时把金丝鸟带到井下，一旦金丝鸟有异常反应，说明井下非常危险，应立即离开现场

　　燕子在大气污染严重时，会飞离居宿地，直到烟雾污染消失才归来。

　　相反，有些动物对某些污染物很不敏感，甚至可以在体内蓄积污染物。鲤鱼生活在水下爱吃泥巴。多氯联苯、二恶英等致癌物大多沉积在底泥中，于是，鲤鱼的脂肪组织中这些污染物的含量比水中高几百倍。如果用一般方法无法测出水中的这类污染物的浓度，可把鲤鱼装在网箱中，放入被污染的水里饲养，几个月后，把鲤鱼送到专门的分析机构进行分析测定，就

水质分析

可以了解水的污染情况了。

蜜蜂可以充当义务采样员。工蜂在大约 4 平方千米的范围内采集花粉、露水和树脂来酿蜜。工蜂腿上的细毛可粘附大量尘埃颗粒，将污染物也带回蜂巢。把工蜂腿上带回来的尘埃颗粒取下来作为样品，更具有随机性和代表性。样品经分析测定之后，可以准确地了解附近区域的环境污染的情况。

利用动物监测环境既简单、方便，又省钱。如果我们平时善于仔细观察，可以发现许多动物可以帮助我们监测环境。

# 学会用石灰乳洁净水

石灰乳是将建筑用的石灰投入水中，轻轻搅拌后得到的过饱和乳浊液。石灰乳是工程师们对付水中重金属毒物的常用法宝，我们也该学学怎样运用它。

金属矿山矿坑内的排水和尾矿排水、有色金属加工厂的酸洗废水、电镀厂镀件洗涤水，以及农药、医药、油漆、颜料等行业的废水，都含有不同种类、不同数量的金属离子，如汞、镉、铅、砷（虽为非金属，因其毒性似金属而常列入金属类）、铜、锌、镍、钴、锰、锑、钒等。含金属离子的废水排入天然水体后，对水中的鱼类和其他生物造成毒性危害，并通过饮水和食物链的途径，使重金属进入人体并在人体内富集，危害人体健康。所以，应对含重金属离子的废水进行严格的处理。

取上述任一种废水置于玻璃容器中,将制好的石灰乳一边搅拌一边加入到废水中,当加入到一定量时,即达到一定 pH 值时,废水中的多种金属离子可同时以氢氧化物形式沉淀析出。此时停止加石灰乳液,静置片刻,倾倒出上部清液到另一玻璃器皿中,再滴加石灰乳液,沉淀物明显减少,甚至不再有沉淀物产生,则此时溶液中的金属离子大部分被沉淀去除,这是一次性沉淀法。

根据不同金属的氢氧化物在不同 pH 值下溶解度不同的特性,还可以采取分步沉淀法析出不同的金属。

比如,某矿山的酸性废水中含铜离子和铁离子,测得其 pH 值为 2.37。将废水放入玻璃容器中,投加石灰乳,使 pH 值提升到 3.47,停加石灰乳,让它静置一刻钟,此时会有铁的沉渣析出。轻轻倾倒出上部清液到另一玻璃杯中,再投加石灰乳,使 pH 值达到 7.47,搅匀后,静置 20 分钟。这时玻璃杯底部出现铜的沉渣,其上部清液中铜离子和铁离子已大大减少。用这种方法既可以回收铜,又使废水达到排放标准,一举两得。

利用石灰乳除去废水中金属离子的实际事例可以举出很多。如某厂废水中含铅、锌、铜、镉等金属离子,pH 值为 7.14,采用一次沉淀法,调 pH 值至 10.4,则废水中的铅、锌、铜、镉均可去除 90% 以上,处理每吨废水仅耗石灰 0.92 千克。用石灰乳处理含金属离子的废水,处理效果好、费用少,操作简单。石灰乳真是一宝!

# 酸碱巧相逢

大多数工业废水，不是酸性就是碱性。这样的废水若直接排放，会腐蚀管道，会使环境受到污染，危害生物的生长。若水体长期受酸污染或者碱污染，整个生态系统将会受到破坏，使鱼类减少甚至绝迹。而若把酸性废水或碱性废水单独排入活性污泥曝气池去接受处理，会使污泥失去活性，无法正常运行。

怎样知道哪是酸性废水，哪是碱性废水呢？最简单方便的方法是用 pH 试纸测量 pH 值。测试时取一小条试纸，在试纸上滴加一滴被测液体，试纸上滴加液体处立刻发生颜色变化，对照标准色阶就可以判断被测液体是酸性还是碱性。

一般 pH 值在 4 以下，被认为是酸性废水，pH 值在 9 以上为碱性废水。

高浓度的酸性废水可以回收酸，高浓度的碱性废水可以回收碱。而浓度较低含酸碱量在 3％ 以下的酸性或碱性废水，回收酸或碱不合算，还是作中和处理为好。

将稀酸废水和稀碱废水巧妙地混合，可以达到中和的目的，又最为经济合算。这叫酸、碱中和法。例如，将味精厂的酸性废水引入造纸废水中和池，可以把碱性造纸废水中和。适当调节二者的流量，可以恰好中和。中和以后的废水，便于进行下一步的好

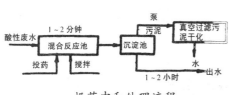

投药中和处理流程

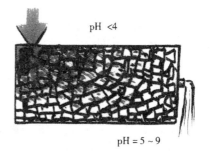

pH <4

pH = 5～9

氧或厌氧处理。

把含有二氧化碳和二氧化硫的烟道气直接通入碱性废水，可以利用二氧化碳和二氧化硫溶于水中形成的酸使碱性废水中和；或者反过来，把稀碱废液作为烟道除尘的喷淋水，可以消除烟道气中的二氧化硫。

中和酸性废水，也常用投加碱性药剂的办法。投加的药剂主要有石灰、苛性钠、碳酸钠、石灰石、电石渣等。例如，把石灰制成石灰乳液进行湿投；或将石灰石粉碎成细粒后干投，并在中和池中进行搅拌，以防止石灰渣沉淀。废水在中和池中的停留时间一般不超过 5 分钟。

另外，将粒状石灰石、大理石、白云石或电石渣作为滤料，填充在中和滤池中，滤料粒径 3～8 厘米，滤层厚 1～1.5 米，让酸性废水流过，流出滤池的水可被中和，这种方法叫做过滤中和法；也可将石灰石等滤料放在可旋转的滚筒中和器中，酸性废水从滚筒中流过而被中和。

总之，有很多种方法可以使酸性或碱性废水得到中和，即使废水的pH 值达到中性附近一定范围（pH 值 5～9）。

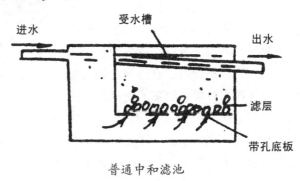

普通中和滤池

# 给微生物造窝

　　自然界中存在着大量的各种各样的微生物。按照微生物的呼吸特性，将微生物分为好氧的、厌氧的和介于二者之间的（即兼性的）三大类。这三类微生物都可以用来分解有机废物和某些无机物。为了充分利用微生物分解废物的能力，常采用人工措施，创造有利于微生物生长繁殖的环境，使它们大量地繁殖，提高分解氧化有机物的效率。采用生物滤池就是措施之一，也就是给微生物建造一个舒适的窝。

　　首先，让我们动手做一个小小的生物滤池。取三只塑料小桶和一个支架，第一只桶放在支架的最高处，第二只桶放在次高处，第三只桶放在最下边。在第二只桶底的侧壁上打一出水孔，桶内装上直径约 1～2 厘米大小的碎石块，约装至小桶容量的三分之二，这样就做成了一个"滤池"。取一些污水处理场的活性污泥和污水（如果取活性污泥不方便，就用洗菜水、淘米水混合，加些菜园肥土，混匀，静置，取上部清液用纱布过滤，取滤液作为污水）放入第一只桶内。然后通过软管使污水流入第二只桶（控制水流速度，达到大约每分钟 20 毫升的流量）。污水在第二只桶内停留 1～2 小时后流入第三只桶，直至第一只桶中的污水全部流入第三只桶，再停止进水和出水。白天这

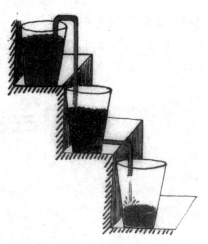

自己动手做一个小小生物滤池

样循环几次，夜间停止进水和出水，然后将第三只桶中的清液重新加入"滤池"（第二只桶）中，以没过碎石块为宜。这样大约连续运转一周后，碎石子表面会附着一层滑而粘的东西，这就是生物膜。取一小片膜放在显微镜下观察，可以看到一个活生生的世界：有不停地运动着

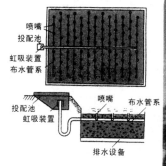

普通生物滤池构造示意

石油化工人的塔式生物滤池

的小小细菌，也有大块头的原生动物在摆动。这样，一个小小的生物滤池就造好了。当含有机污染物的废水经过生物滤池时，有机污染物将被生物膜中的微生物分解，从而使废水得到净化。

污水处理工程中采用的生物滤池原理也基本相同，只是规模大得多，有普通单层滤料结构的生物滤池，还有高高的塔式多层生物滤塔，以及转盘式生物滤池和浸没曝气式生物滤池。

生物滤池内的滤料一般均质量轻、强度大、耐腐蚀、表面积和孔隙率大。它们本身对微生物生长无毒无害。碎石块、炉渣、焦炭、瓷环都可以作为滤料，低蜂窝塑料波纹板滤料是较为理想的填料。生物滤池需要设置二次沉淀池，目的是通过沉淀分离，使脱落的衰老生物膜和废水分离开来。

生物转盘是用硬塑料或玻璃钢或竹席等制成圆盘，一片片地串在一起。它的下部浸在废水池中，由电机带着转动。每转动一圈，转盘与废水接触一

城市污水处理厂的生物滤池

次。转出水面时，生物膜在空气中吸足氧气，浸入水下时，便可吸附分解废水中的有机物。

无论哪种生物滤池，它们的主人都是好氧微生物。

生物滤池广泛用于石油化工、造纸、印染、焦化、制革等行业的废水处理。

# 试用阳光处理污水

太阳光是地球能量的来源，是不花钱就能得到的能源。充分利用太阳光，不用任何处理药品就能处理污水，又不产生污泥之类的废物，是环境工程师们努力实现的目标。

这里，我们不妨先做个小试验。

找一只敞口的透明或不透明的平底大缸，当作水槽。在水缸中放入下水道污水或污染较严重的河水或湖水，水深不超过 20 厘米，以防氧气不足、水发臭。将水缸放在阳光充足的地方，过一周左右，水中就会出现绿色藻类，如小球藻、新月藻、硅藻等。等到绿色藻类大量生长繁殖之后，就可从池塘里捉几只蜗牛、田螺放在里面养起来。这时候，观察水的颜色和浊度，水一定比原来的污水清澈多了。

我国湖北省鄂州市境内的鸭儿湖，正是依靠类似的治理办法而得以复生的。最早的时候，鸭儿湖碧波荡漾，虾游鱼跃，富有生机，年产鲜鱼 10 万千克。20 世纪 60 年代，湖泊上游建起几座化工厂，化工厂的废水源源不断地排向湖里，渐渐地湖中水草少见了，鱼儿越来越少，鸭儿湖因此而濒临衰亡。后来，根据科学家的建议，在鸭儿湖上修筑了几条堤坝，把鸭儿湖分隔成 5 个小湖塘，让工厂排放的污水依次慢慢地流过，污水从流入到流出整个鸭儿湖总共历时两个多月。

这样一来，前几个湖塘起了天然生物自净作用，到最后的大塘（鸭儿湖的主体部分）时，水质清澈见底，恢复了生机。鸭儿湖成了天然的生物氧化塘。

现在，科学家们设想把这种天然净化污水的方法实现工厂化，因为工厂化处理污水比天然方法占地少，效率高。他们的设想是：让污水通过管道源源不断地流入第一水槽，在这里细菌将有机物分解，并产生藻类生长

必需的营养物质，于是藻类大量生长繁殖，利用太阳光进行光合作用。藻类光合作用产生的氧气供给细菌生长和代谢分解有机污染物，使污水得到净化。第一水槽的出水，其中已生长着大量藻类，流入第二水槽。可在第二水槽中养殖蜗牛、田螺等软体动物，让它们摄食水中的藻类。第二水槽中的水再放人第三水槽。在这里可以养鱼，还可以种植一些大型水生植物，如芦苇、莲藕等。从第三水槽流出来的水被安全、彻底地净化了，可达到排放标准排放。这样处理污水，不产生污泥，省去了处理污泥的麻烦。

# 测量水体透明度

在小学自然课本中有这样的介绍：水，是无色、无味的透明液体。那是指纯水，不含任何杂质的水。而天然环境中的水，大都含有杂色或污染物，因此，天然水体并非完全透明。水体透明度，通俗地说就是水清亮的程度。虽说人眼是

"秤"，水清亮不清亮一眼就看出来了，但要准确地说个明白，还需有个科学的度量办法。

科学家发明了一种简单装置，用它就像用米尺测量绳子的长度、用磅秤称量苹果的重量一样简单，可以测量水体的透明度，这种装置叫作塞克盘。塞克盘是由黑白圆盘和一根米尺两部分组成。把一块直径20厘米的金属圆盘，从圆心处向外辐射等分成4块，分别涂成白色和黑色，使黑白块相间。用一根带有标准厘米标记的细绳一端穿过圆心与黑白盘连接。黑白盘下悬附一重物，便于在水中下沉。测量水体透明度时，手持细绳，逐渐将塞克盘垂直沉入水中，直到看不见黑白盘时，再慢慢往上提盘，到刚刚能看到盘为止。

透明度高的水体游鱼可数

这时从细绳上的标记就可以记下塞克盘沉没距水面的深度。如此反复测量 2～3 次，得出一个平均的深度值，就用它来表示水的透明度。

如果我们自己亲手做个塞克盘，用它去测量附近河流、湖泊、水库或鱼塘的透明度，并且进行比较，分析原因，那将是很有趣的活动。可用金属材料或者硬塑料板，加工成直径 20 厘米的圆盘，用直尺和丁字尺画两条通过圆心的垂直线，把圆盘等分成 4 份，分别用白漆和黑漆涂上黑白相间的颜色。在圆盘的背面粘贴几块重物，如铁块或铅块，重量分布要均衡，使圆盘沉入水中能保持盘面与我们的观察视线垂直，不致歪斜。找一根尼龙绳和一条米尺，在圆盘的圆心处打一小孔，尼龙绳的一端穿过圆心到圆盘背面打一结，使绳头不致从小孔滑出，在圆盘正面紧贴盘处也打一结，从圆盘面开始在尼龙绳上标记长度，如 0～100 厘米，或者将米尺紧贴尼龙绳，来标记长度。这样塞克盘就做好了，可以用它去测量水体的透明度了。

自测透明度

为什么有的水体透明度大，有的透明度小呢？

就河流来说，如果含泥沙量大，透明度就小；另外，水体受污染严重，悬浮颗粒物多，或者因为水中有机物含量过度，水中溶解氧耗尽，水体就呈污黑色，似酱油汤。这种水的透明度极小，鱼类等生物难以生存，成为臭水沟。我国有些城市的过境河流，受污染严重，透明度自然也很小。

就湖泊或水塘来说，泥沙含量是影响透明度的一个因素，更重要的是藻类数量的多寡。富营养化的湖泊，蓝绿藻类大量繁殖，活的和死的藻体悬浮在水中，使湖水的透明度大大降低。一些贫营养或中营养湖泊，湖水清澈，透明度可达数十米，而富营养湖泊，如我国巢湖的透明度不过20厘米。

由此可见，水体的透明度，不仅反映水体外观清澈不清澈，还能反映水体受污染的程度和水质状况。测量水体的透明度不仅有趣而且也很有意义。

# 自办农家肥料厂

俗话说，庄稼是枝花，全靠粪当家。肥料向来是农家之宝。化学肥料虽然使农民获益匪浅，但是长期大量地施用化学肥料，使土壤失去肥力，变得瘠薄。现在，我国许多农村建起千千万万个属于农家的肥料厂——沼气池。沼气池产生的沼气可用做燃料，沼液和沼渣都是顶好的有机肥料，与化学肥料搭配施用，可以改良土壤，持久地增产粮食和蔬菜。

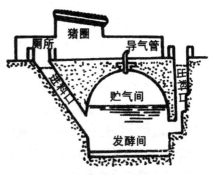

圆形活动盖沼气池

如果你有兴趣办自己的肥料厂，做起来也并不难。农村里肥料厂的原料不用发愁，人畜粪便、厩肥、庄稼秸秆、杂草、树叶、菜叶、垃圾等都可做沼气发酵的原料，至于建造沼气池，可以因地制宜。池型可以是圆

的、方的或者椭圆形的。沼气池可以
建在地下，即全地下式；也可以一半
在地下，一半在地上，即半地下式。
建池用的材料，应根据经济条件选
择，可用钢筋混凝土，也可用"三合
土"，即石灰、粘土和砂子。最节省

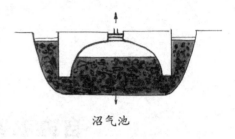

沼气池

的是建造胶泥结构砖拱顶的沼气池。关键要保证不渗水、不漏气。

沼气发酵的配料要科学、合理。人畜粪便是主要的氮素来源，作物秸
秆等纤维物质是主要的碳素来源，要合理地调配二者的比例，即所谓碳氮
比。一般碳氮比在 20：1 至 25：1 为宜。配水量一般在 85％～92％之间效
果较好，夏季水分容易蒸发，保持 90％～92％，冬季保持 85％就够了。水
分过多，发酵液中营养物稀薄，沼气产量降低；水分过少，发酵液太浓，
容易积累有机酸，使发酵过程受到抑制。

为保证沼气池中微生物正常生长繁殖，沼气池中的温度要保持在 30～
55℃。这样，经过一段时间，就能得到含有甲烷气 50％～80％，二氧化碳
20％～50％的沼气。开始产气后，必须勤出旧料，补充新料，经常保持沼
气池有足够的营养源。

小肥料厂的产品不仅仅用做肥料。沼气除用做燃料还广泛用于水果保
鲜、储粮灭虫和防治农作物病虫害。沼液可以浸种，可以喂猪，沼渣还能
栽蘑菇。

在国际上，中国的沼气生产赫赫有名。几十个国家派人员来我国考察
和学习发展沼气解决农村能源的经验。一些国家，如菲律宾、巴西、肯尼

亚等国，邀请我国专家为他们设计和建造大型沼气池。

我国北京市大兴县留民营村，在已有土沼气池的基础上，于1993年建起100立方米的高效发酵沼气池，使全村240户家庭、食堂实现能源管道化，生产的肥料进入生态农业大循环中。为此，留民营村获得国际嘉奖。

# 精心营造生态庭院

我国广大农村，家家户户都有
个小庭院。小小庭院不过几分地，
却能充分体现主人的精神面貌和风
格特点。

这里向你介绍一个建设生态庭
院取得良好经济收益的事例。

安徽省亳州有个黄庄生态庭院
村，他们那里的农民家家户户都有
个了不起的小院。他们的办法是
"水、陆、空"并举，发展种植和
养殖业。

先说这"水"。在院子里腾出
1分地挖个小鱼塘，以养青鱼为
主，混养非洲鲫鱼和鲤鱼。用了
不到两年的功夫，青鱼就能长大
上市。

再看"陆地"。在鱼塘旁边盖
猪舍，养3~5头猪。在猪舍顶上搭鸡窝，可养鸡二三十只。猪粪、鸡粪可
做鱼饲料。院内道旁、鱼池边上栽种葡萄，葡萄顺着支架往上爬，能充分
利用空间。剩下来的土地搭起塑料大棚，种植应时蔬菜，又是一笔可观的
收入。

"空"指空中和空间，在房檐屋顶安放鸽子窝，养殖肉鸽。葡萄架也利用了空间。

一个小小的庭院，给黄庄农户每年创造的经济收入在万元以上。

生态庭院是生态农业的一角，都属生态工程。其原则一是充分利用土地和空间，包括地下、地面和空中，例如可以挖地窖栽种食用菌不耽误地面种菜；二是充分利用能源，首先是充分利用太阳能，因为太阳能是取之不尽的能源，通过植物光合作用就能固定和转化太阳能；三是设法提高所有物料的利用率，包括充分利用人畜粪便、作物秸秆等废物，而且做到多次循环利用。例如用谷物加工后的下脚料糠、麸喂猪，猪粪用来肥田，从麸糠算起只利用两次，而若将猪粪、鸡粪先做鱼饲料，再利用鱼塘里含鱼类排泄物的水去浇灌葡萄和大棚蔬菜，就能做到三次利用。总之重复次数越多，物料的利用率越高。

按照上述生态工程原理，参考和学习已有的建设生态庭院的经验，你可以开动脑筋，发挥自己的创造力，因地制宜地设计出你最满意的生态庭院。

城市里住房紧张，没有农村那样的条件。可是，也有人在几平方米的阳台上，搭起架子，种植芽苗菜，不仅满足自家食用，还有多余的卖给食堂、饭店，增加经济收入。

# 栽植绿围墙

有专家将居住区的绿色环境与非绿色环境做过对比，发现夏季绿色区可降温 1.3～8℃，减少灰尘 4‰～28‰，减少细菌量 2‰～59‰。人体在 25％左右的绿色环境中，也就是绿色在人的视野里达25％时，皮肤温度可降低 1～2℃，脉搏每分钟跳动次数可以减少 4～8 次。世界上几个有名的长寿区，其绿色视野率均达15％以上。

绿色屋顶

营造绿色家园是现代人的追求。在高楼林立的城市，除了做好城市园林规划外，若能把建筑物的墙面充分利用，都变成"绿色围墙"，将为城市增添不少的绿色。

我国适宜做绿色围墙的树种首推中国地锦，也叫常春藤，俗称爬山虎，是一种高攀的藤本植物。它的抗逆环境的能力很强，适应性广，不论在南方还是北方，它都能生长。我国许多城市都已经栽植爬山虎来绿化和美化环境。栽植爬山虎非常容易，埋根可以，插条也行。每年 3 月下旬至 4 月

莫斯科红场附近的街区花园

上旬，栽插 15～17 厘米的插条，成活率能达 90％以上。爬山虎生长很快，不过三年，绿化覆盖面积可达 35～71 平方米，枝叶覆盖层的厚度可达 15～20 厘米。即使在北方，从 4 月到 11 月爬山虎都一直保持绿色。对爬山虎的管理也很简单，它自身具有吸盘，有很强的攀缘能力，不需要特殊的辅助设施也能爬到几层楼高；不要采取防寒措施也能安全越冬；一般不感染病虫害。墙边种植爬山虎，夏季能遮阴降温，平均可降温 3.9℃，在气温很高的情况下，最多可降温 9.5℃。

瑞典的花园式住宅

枸杞也是一种良好的屏障树种。枸杞的适应性很广，在碱土、瘠薄土壤、壤土、粘土上都能生长。枸杞生长速度很快，1~2 年就能长到 2 米高，栽种成活率也很高。枸杞从 6 月开始到 11 月大约半年时间，树上都挂有红玛瑙果实，起到点缀和美化环境的作用。当然，它的果实枸杞子是大家熟悉的中药材，也是很好的保健食品。枸杞身上长满荆棘，做防护绿墙再适合不过了。

　　绿色围墙的形式多种多样。用铁丝网围成围墙，沿"墙"种植攀缘植物，也是一种绿色围墙。尼日利亚首都拉格斯市就普遍使用这种形式的绿色围墙。栽种高大的树种，如合欢树、桉树、珊瑚树等做围墙，是居民住宅、机关、使馆区常见的绿色围墙。对于使馆区，还可以栽植该国的典型花木为墙，别具特色。

　　据说巴西具有世界上最有特色的"植物墙"。它是用空心砖砌围墙，砖上附有树胶和肥料，并埋入草籽。只要气候适宜，小草就能长出来，绿化墙面。

　　不仅墙面可以绿化，建筑物屋顶、阳台、栅栏、露天走廊都可以设法种植花草，绿化和美化环境。

# 未 来 篇

在未来，生态环境保护将与发展生产紧密结合，生态环境工程必将与清洁生产融合为一体。基因工程等高新科技在环境保护中将发挥重大作用，无污染汽车代替现今以汽油为燃料的汽车，绿色产品全面进入社会，清洁生产将废物消除在生产过程中，从根本上消除"三废"对环境的污染。用现代化的造林技术重建绿色家园，许多今天的有害物将来可以变成有用的资源。空间监测地球环境，将对地球的大气、河流、海洋、陆地植被以及气候变化进行连续的长期观测。跨世纪特大型工程——三峡工程将在 21 世纪环境保护中作出有益的贡献……21世纪是生态环境保护的世纪。

# 基因工程与未来的环境保护

在 1998 年 8 月 18 日第 18 届国际遗传学大会上，来自世界各国的两千多位遗传学家达成共识：21 世纪遗传学要在环境保护中发挥积极作用。这代表了科学家们对环境保护的积极态度，预示着高新科技将在环境保护中得到更加广泛的应用。

现代生物技术——基因工程在人类对抗植物病虫害中将会作出突出贡献。

棉花是我国重要的经济作物之一。棉花生长最大的敌人是棉铃虫。棉铃虫咬食嫩蕾铃，造成落铃和僵瓣。多年来靠化学农药来对付棉铃虫。结果，棉铃虫的后代具有了抗药性，虽然不断加大农药的施用量，还是无法治服它们，常常造成棉花减产甚至绝收，同时，造成了土壤被农药污染。

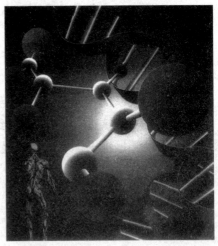

新品种棉花——抗虫棉，则自带抗虫"武器"。种植抗虫棉，不施化学农药也不会被虫咬，从而获得丰收。

抗虫棉是利用基因工程培育成功的新品种，是在普通丰产棉的基因中成功地加入能产生毒蛋白的细菌——苏云金杆菌的基因，植入的基因稳定下来能遗传给后代，于是含有毒蛋白基因的棉花就能自身产生毒杀害虫的毒蛋白。但抗虫棉对人、畜安全无害，现在我国已经开始大面积推广种植。这样，将会大大减少化学农药的污染。

再如，科学家运用转基因技术构建特殊功能的水处理工程菌，这些菌能迅速分解天然细菌难于分解的有毒物质。

消除在海上泄漏的原油时，用物理方法或者化学方法处理之后，仍有很多油污留在海水中，科学家们研究用生物补救法消除留在海水中的漏油。如果完全靠天然细菌分解石油，威力不够大，科学家们就设想用基因工程的方法培育分解石油的高效细菌。

真菌除草剂已经研制成功并投放市场，它代替化学除草剂，可不用或少用化学除草剂，从而减少环境污染。为了提高真菌除草剂的杀伤力，科学家们将利用基因工程对真菌进行改造。

除了基因工程外，其他高新科技也将在环保中发挥作用。

将来利用超导技术可以轻而易举地把硫从煤炭中分离出来，可以减少空气中二氧化硫污染，也为战胜酸雨带来了希望。利用超导技术还可以把废水中的金属离子分离出来，

减少重金属对环境的污染。

在将来，计算机系统将更加广泛地应用于环境保护。利用计算机系统监测环境，堪称慧眼神目。计算机和各种传感器相联，能不断地把监测数据输入中央计算机系统，如果发现超标，计算机会自动发出警报信号。

# 未来的 "绿色" 社会

　　绿色是大自然的本色，象征着生命与活力。绿色已成为公认的生态环境的代名词。随着人们的环保意识不断增强，21 世纪将是生态环境的世纪。

　　安全、营养、无污染的粮食、蔬菜、肉奶蛋等食品统称为绿色食品。"绿色食品"是 21 世纪的主导食品。绿色食品的生产符合国际社会认同的标准：从原料产地的生态环境到农药、肥料的使用，从食品品质到包装储运都必须是高质量、无污染的。例如，种植

农作物不可使用化学农药和化肥，饲养畜禽类不用抗生素和激素。生产的绿色食品最终要经过检验，符合规定的标准，获得"绿色食品"标志才算是真正的绿色食品。

　　绿色食品的开发还将推动农业环境的保护，促进优良品种和生物农药的使用及耕作技术的改进等。生态和经济相互促进，就能形成良性循环。

　　21 世纪，人们的衣着更加漂亮、更加

日光温室中叶菜的立体栽培

舒适、更加有益于健康。服装面料更多地选择天然的棉、麻、丝织品，染色也将使用对人体无害的天然或合成染料。

无公害蔬菜生产基地

未来的家庭住宅将是节能的、无污染的生态住宅。例如美国推行"住房先进技术伙伴计划"，将通过安装先进的窗户和隔热设施，采用节能装置和高效的空调系统，使美国新建住房到 2010 年能耗降低 50％，并且全国每年减少温室气体排放量 2 400 万吨；而且不使用有害的建筑材料，包括石棉和含铅油漆。室内装饰用生态画，其表面为多孔涂层，能吸收分解油烟等有害气体，使空气清新。

21 世纪，天然气汽车、电动汽车、氢气汽车等环保汽车将成为主流，连自行车也将是既能保护生态又轻便舒适的生态电动自行车。

节能省电、低噪音、低辐射、抗病毒、使用更舒适、材料可回收的大众化"绿色电脑"将风靡全球。生态电视机能把电视对人和周围环境的损害减少到最低限度，它的耗电量大大降低，外壳用不污染环境的"漆料"喷涂，零件可再生利用。绿色电冰箱、空调器完全不用氟利昂，改用无污染的制冷剂。生态洗衣机不仅省电，而且洗衣不用水或少用水，不用洗衣粉或用无磷洗衣粉。

办公室里普遍使用生态办公纸，其原料 50％来自废旧报纸和杂志，而且生态复印机能使复印纸多次重复利用。

可降解的生态塑料将广泛用于农业、餐饮业和日常生活等领域，"白色污染"将被消除。

人们的绿色消费将推动绿色产品的开发与制造。环保行业也将更加重视自身的无污染工艺和新产品的研究。例如，注重用生态植物净化环境；用"绿色燃烧炉"使垃圾和毒物在 2 500℃的高温下彻底分解，不产生二次污染。

相信未来全球会有更多的生态新产品涌向全社会。

# 清洁生产

现在的工业生产，排放大量废气、废水、废渣，人称"三废"。"三废"严重地污染了地球环境，致使人类生存受到威胁。生产中能不能减少"三废"污染甚至不产生"三废"呢？在未来全面推行清洁生产，就能做到这一点。

清洁的化工车间

清洁生产是指在生产过程中和产品从"摇篮到坟墓"的全部过程中，持续不断地采取综合预防污染措施，包括努力提高资源和能源的利用率，产品从原材料到最后报废处置，即在整个生命期都不会对环境和人体健康有不良影响，做到利用清洁的能

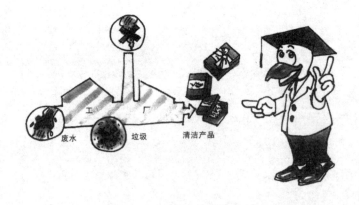

源，采用清洁的生产过程，生产清洁的产品。

例如，生产照相用的感光胶片。现在用的普通胶片需要冲洗显影，一台典型的显影机带一个图像固定器，每年要消耗 800 升显影剂，每小时至少排放 200 升废水，而且生产这种胶片要消耗大量白银，最后白银进入废水中，若不回收还会造

生产可自行降解的纸浆模塑餐具

成环境污染。如果生产干法显影软片就可算作清洁生产了。用这种软片摄影时，只要接通电源，然后像普通摄影一样进行曝光，曝光后稍稍加热，冷却下来后，软片上就能留下永久的成像，再拿到激光印刷机上就能印出图像。这样印出的图像特别清晰。使用干法显影软片摄影也特别方便，只要不接通电源，就不怕曝光；在相机上装底片就像在复印机上装复印纸一样；照完相也不需要像普通照相方法那样把底片卷起来放在暗盒里避光保存。

干法显影软片的生产是一种清洁生产，因为：第一，生产这种软片，不用溴化银，能节省大量白银，而且用这种软片摄影，不需要用化学显影液来冲洗，可节省化学显影剂；第二，它不排放废水，不污染环境；第三，其产品——干法显影软片，硒的泄漏低于检测水平，不致对环境构成

污染；第四，虽然这种软片被列为"可随机废弃"产品，但生产这种胶片的公司，仍计划回收废胶片，从废胶片上分离出硒，还可以重新利用。

以上仅是举一例说明什么是清洁生产，预计在未来，各行各业都将实行清洁生产，在生产中既要获得更多、更好的产品，又要降低原材料和能源的消耗，还要求不产生或少产生废物，并且负责产品报废后的处置。这样，未来的"三废"污染会显著减少，地球环境将得到有效的保护。

# 无污染汽车

　　1769 年，法国人居纽所造的蒸汽三轮汽车，是世界上最早的一辆汽车。现在，全世界年产各种汽车几千万辆，汽车总数多达几亿辆。汽车发展成为现代文明的象征。但同时，汽车也是城市大气的主要污染源。开发无污染汽车以代替传统的以汽油为燃料的汽车，一直是人们的目标。

　　电子汽车、电动汽车和氢气汽车等无公害汽车，利用甲醇做燃料、氮气做动力的无污染汽车，使用液化石油气和天然气做燃料的汽车等，因为大大减轻了废气污染，被称作环保汽车。

　　氢气汽车是用液化氢气为燃料的汽车。氢气在加压条件下可以压缩为液态氢，贮存在氢气罐内，像家用煤气罐一样。但是普通燃烧汽油的汽车发动机不能使用氢气做燃料，必须对发动机进行改造。

　　氢气汽车是最理想的无污染汽车。假如以燃烧 1 千克汽油排放的二氧化碳量为 100，那么蓄电池汽车排放的二氧化碳为 101，以甲醇为燃料排放的二氧化碳为 99，以天然气为燃料排放的二氧化碳是 79，而以氢气为燃料排放的二氧化碳则为 0。

　　氢气是一种清洁燃料，利用光电池可将太阳能转换成电能，再用电将少量

靠太阳能充电的电动车

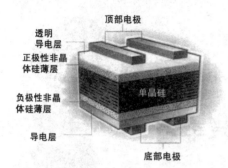

多层结构的太阳能电池

以氢为燃料的燃料电池汽车

水电解产生氢气。在干旱和沙漠地区，太阳光照期长，有利于光电制氢。

在水力资源充沛的地区，利用水力发电也可以电解制氢。

培养细菌，如红极毛杆菌，可以淀粉为原料，在透光的玻璃容器内产生氢气，即细菌制氢。

人们总认为使用氢气很危险，用它作为汽车燃料很可怕，实际上使用氢气和使用汽油的危险度基本相同。日本研究了20多年的氢气汽车，至今还没有因为使用氢气为燃料而发生任何事故。

氢气汽车大有发展前景。

随着生物能源的大力开发，利用生物量，如甘蔗或甘蔗渣大量生产酒精或甲醇，那么用酒精或甲醇作为汽车燃料，也将会得到发展。

在不久的将来，使用液化石油气和天然气作为燃料的汽车会迅速发展起来，因为将现有汽车改造比较容易，而且可同时使用汽油和液化气。液化气所含有害物质较少，不含铅和苯，一氧化碳排放量比普通汽车少80%，氮氧化物少70%，符合环保要求。

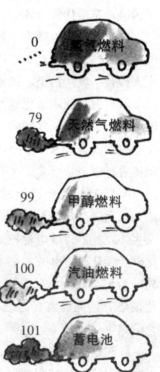

0　氢气燃料

79　天然气燃料

99　甲醇燃料

100　汽油燃料

101　蓄电池

　　现在，全世界已有数百万辆环保汽车，我国上海、深圳、哈尔滨等地也开始使用环保汽车。人们将这些符合节能、低废、高效、轻质、易于回收利用等环境保护要求的汽车称为"绿色汽车"。

# 用现代造林技术重建绿色家园

人们已经认识到森林不仅是绿色宝库，森林还在保护生态环境、增进人体健康方面具有重要作用。因此，人们已经开始注重保护森林，并开展植树造林。将来，21 世纪，人类将用现代化的造林技术，更大规模地植树造林，不仅要绿化城市，使乡村林网化，还将改造沙漠，建设沙漠绿洲，以

利用太阳能、不污染的环境的生态小屋

维护自然生态平衡，提高人类的生活质量。

现在植树造林，林木的繁殖一般采用种子繁殖，也叫有性繁殖；或者采用扦插、压条、嫁接等无性繁殖方法。用这些方法繁殖的苗木，都要先移栽在苗圃中继续培养，长成小树苗，再栽植到造林地，这样，育苗周期长，造林速度慢。而飞机播种造林，把种子播撒在地上，完全靠自然成活，所以成活率不高。

将来，露天苗圃将被大型自动化温室所取代。温室内的温度、湿度、光照、水肥和

二氧化碳，都能自动控制，能保证苗木在最佳的条件下生长发育，这就是工厂化育苗。工厂化育苗周期短，速度快，能提供更多的优质苗木。

将来，不仅育苗实现工厂化，而且将采用人工种子育苗。人工种子是用组织培养中产生的胚状体或顶芽、腋芽等，包上含有养分兼具保护作用的外壳，使其具有种子的功能。在人工种子的外壳即人工胚乳中，如果加入农药、抗生素，可以防治病虫害；如果加入除草剂，能防除杂草；添加生长调节剂，可以促进幼苗的生长。人工种子便于贮藏、运输和机械播种，可以工厂化大批量生产。人工种子繁殖林木对那些难以结出种子的珍稀濒危树种的保护，极有价值。当前，人工种子仅处于试验阶段，21 世纪必将发展成一种成熟的技术，可以用这种新型种子快速育苗，满足大规模造林的需要。

21 世纪，人们还将运用生物工程培育树木新品种，如抗污染、抗病虫

害、抗干旱、耐盐碱的特殊树种，专供净化污染的土地、沙漠和盐碱地造林之用；还可以培育出个体粗大的超级型树木以营造速生经济林；也可以培育大果的核桃、板栗、红枣等超级果木新品种。

我国当前植树造林大都是笨重的体力劳动。21世纪，将以机械造林为主，即挖坑、植苗、培土、浇水都由联合植树机进行。到2025年，我国大部分造林采用组织培养繁殖林木的手段；到21世纪中叶，将全面实现大型自动化温室育苗，并将全面应用卫星遥感、电子计算机系统、森林资源管理系统等，实现自动化监测和管理大面积森林的目标，使森林得到更有效的保护。

植树造林，造福子孙

# 未来的资源——昆虫蛋白

地球上发现的动物约有 150 万种，其中昆虫就有 100 万种。昆虫的繁殖力快得惊人，一次产卵数以百计或千计，一个生长季能传几十代。这极有利于它们对农药产生抗性，因为只要有几只昆虫的基因产生突变，形成具有抗药能力的基因，它们便能很快地生产一大群具有抗药性的子孙。

一旦对它们的繁殖控制不住，它们就将爆炸性地增殖，危害人类，其破坏力极大。例如，在非洲，常常发生蝗灾，有时一群蝗虫多达 4 000 亿只，能覆盖 1 600 平方千米的土地，所到之处，寸草不留。

我国历史上也曾多次发生蝗灾。在电视剧《唐太宗李世民》中就描述了唐贞观二年（公元 629 年），华夏大地遭受蝗虫灾害，飞蝗遮天蔽日，所过之处，庄稼一扫而光的情景。

但是，科学家们研究证明，昆

白蛋白微机控制系统

虫，包括害虫，含有丰富的蛋白质、多种维生素、氨基酸、磷、铁及硒、锌等微量元素。虫类食品不但营养丰富，而且味道鲜美。昆虫食物将会成为未来人类喜爱的紧俏食品。

目前，炸蚕蛹、蝎子已是许多饭店里的高级菜肴。食用蝗虫，在我国古代蝗区就很普遍。撒哈拉沙漠的游牧部落把蟑螂作为重要食品。泰国人的盘中餐常有金龟子和土鳖虫。我国西周时期，蚂蚁酱作为御膳，为帝王所享用。至今，云南西双版纳的基诺人仍将森林蚂蚁当家常饭菜，有蚂蚁炒蛋，油炸飞蚂蚁，还将蚂蚁、知了、龙卷菜做成三鲜汤。总之，目前已知可食用的昆虫就有蝗虫、蚂蚁、蚕蛹、蟋蟀、蝎子、蟑螂等多达373种。将来，随着昆虫食品的时髦，还将会开发更多种类的可食用昆虫。

食用昆虫既能充分利用昆虫资源，又能减少虫害，让害虫造福人类。但是，接受以往的经验教训，未来开发昆虫蛋白资源的过程，应在有关的法律指导下进行。开发昆虫食品，应以不损害生物多样性为前提。

　　对于害虫，有些可以开发为食品，有些可以利用它们的特殊优点。例如，苍蝇脚上粘满细菌，到处乱飞乱爬，在人间传染疾病，令人厌恶，但是苍蝇自身并不染病，因为苍蝇体内的抗菌蛋白，是极好的抗菌素。科学家们正在研究它，将来苍蝇身上的这种抗菌物质会成为人类同疾病作斗争的新式武器。

# 地球环境的空间监测

从 1960 年 4 月 1 日美国发射了第一颗气象卫星以来，全世界已发射与环境监测有关的地球卫星一千多颗，取得了大量的有关地球资源、环境、气象的监测数据和图像。

虽说卫星是空中的千里眼，能解决不少问题，但卫星只能装载专一的小型仪器设备，如气象卫星、地球资源卫星等。卫星上不能安装大型天线和巨型望远镜，卫星上没有对接系统，上天后无法再给它加注燃料、更换零部件和设备，出了毛病也无法维修。另外，卫星的寿命一般只有几年、十几年，不能做更长期的观测研究。而对地观测平台恰恰具有这方面的优越性。它有对接系统，航

监测大气可降水量和云水量的地基双波长微波辐射计

天飞机可以在轨道上给它加注燃料、更换部件、进行维修服务。它容积大，能装载多种大型观测设备。它采集的数据比目前所有航天器采集的数据还

多 1 000 倍。

所以，美国、日本和欧洲一些国家都在积极研制对地观测平台，在 21 世纪，将对地球环境进行更加全面、更加长期的监测。

环境监测站内

美国第一个观测平台装载 19 个地球观测敏感器，其中有 5 个是大型设备。其中：中分辨率成像光谱仪，能观测不同季节的地球生物的变化，监视大气温度和海面的热变化；高分辨率成像光谱仪（目前陆地卫星仅有 6 条光谱波段，而它有 196 条），能观测到小型湖泊内的生物变化，甚至可以观察到树叶因湿度和污染引起的微小变化；激光测距系统，能确定冰川和冰层的变化，还可测量地壳的运动，从而预报地震；大气红外探测器，可测量大气温度和湿度随高度的变化；雷达高度表，可精确测量海洋环境状况。

美国的第二个对地观测极轨平台载有 3 个重要设备，继续采集地球生物过程和大气气体的信息。合成孔径雷达，能全天候、全天时提供植物检疫的数据，测定极区水源和冰川的动态，具有观测

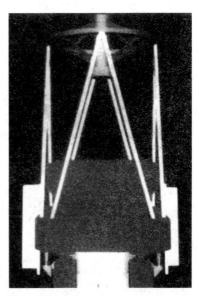

探测大气臭氧和气溶胶的多波长激光雷达的主望远镜系统

海底地貌起伏的先进功能；同温层测量仪，用来测量外大气层的化学成分；痕量气体测量计，采集可能引起全球变暖的有关气体信息。

日本的对地观测平台装载美国制造的哥达德激光风探测器，能直接测量低空的风。

欧洲平台将装载欧洲研制的地球和大气敏感器，以及美国的地球辐射微动敏感器，获取太阳能输入地球和从地球输出的信息。

美国、日本和欧洲的几个极轨平台将组成完整的地球环境观测系统，担当 21 世纪长期监测地球环境的任务。

VHF 多普勒测风雷达天线阵（局部）

# "三峡工程"与 21 世纪环境保护

长江三峡水利枢纽工程，简称"三峡工程"，位于湖北省宜昌市三斗坪镇，于 1993 年准备、1994 年正式开工，总工期为 17 年，至 2009 年全部建成完工。三峡工程主要由三部分组成：枢纽工程、水库和输变电工程。三峡水电站共

三峡水利枢纽工程示意图

26 台机组，装机总容量 1 820 万千瓦。三峡工程建成后，将具有防洪、发电、净化环境、保护生态等多种功能。三峡工程不仅在中国是特大型工程，而且在 1994 年 6 月的全球超级工程会议上被列入全球超级工程，是全球 1 500 个超级大工程之一。

建设三峡工程对我国的生态环境保护具有重要意义。首先，防洪的作用是显而易见的，它可以有效控制上游100平方千米流域面积产生的洪水，可以使下游荆江河段的防洪标准，从现在的约十年一遇提高到百年一遇，即使遭遇大于百年一遇的特大洪水，配合临时分蓄洪措施，也能避免荆江河段干堤溃决和防止毁灭性灾害的发生。三峡工程可以减轻洪水对洞庭湖的威胁，减少流入湖中的泥沙，对保护洞庭湖将起到积极作用。

三峡工程大江截流示意图

三峡工程最大的效益是发电。建成后的三峡水电站，年发电量约850亿千瓦·小时，是清洁能源。若以火电代替，需建年产1500万吨的煤矿3座，建130万千瓦的大型火电站14座，还需修建800千米的供煤铁路复线，每年将排放温室气体——二氧化碳1.2亿吨、二氧化硫200万吨、氮氧化物37万吨、一氧化碳1万吨。因此，三峡水电站的建成就等于我国在发展经济的同时，减少了环境污染。特别是三峡水电站的电力主要供应华中、华东和川东，将使这些地方的燃煤量减少，从而可有效地控制那些地区的酸雨危害。

三峡工程由于事先考虑了建坝对生态系统的影响，所以对中华鲟、白鳍豚、扬子鳄等珍稀动物的生息繁衍均无影响。而且，三峡建坝后，库区小气候将得到改善，有利于药类植物、柑桔等喜温作物生长。同时，由于

洪水得到控制，有利于消灭钉螺和杜绝血吸虫病。

三峡建坝后，由于坝前水位将抬高近百米，将有利于南水北调的中线调水，以解华北水荒之危。

三峡工程不仅将对中国的环境保护起到积极作用，而且也将为全世界生态环境保护作出贡献，对于全球削减二氧化碳排放、控制温室效应、稳定气候将起着不小的作用。

# 后 记

　　30 年前，谈起环境问题，许多人误以为那就是指环境卫生，是大扫除，没什么新鲜的；现在，且不说成人，就是少年儿童，也都知道环境是指人类生存的地球家园。地球只有一个，我们只有小心翼翼地保护好我们的地球村，人类才能很好地生存和发展。

　　环境问题为什么成为当今人类普遍关心的话题？这是因为环境问题已经非常突出，已经威胁到我们的今天和明天。这些问题主要是：

　　——人口压力大：在不久前，即 1999 年 10 月 12 日，世界人口达到了 60 亿，如果按现在的人口增长速度推算，再过 50 年，有可能达到 100 亿，这会使地球上脆弱的生态环境和有限的资源更加不堪重负；

　　——土地损失：地球陆地面积的 1/4 已经是荒漠，现在每年流失土壤 270 亿吨，每年有 600 万公顷土地被沙漠吞噬，人类赖以生存的耕地越来越少；

　　——水源短缺和污染：全球淡水短缺，而且污染严重，全世界每年有 2 500 万人因水污染而死亡；

　　——大气污染后果严重：人类不断向大气排放颗粒物、二氧化硫、氮氧化物、二氧化碳和氯氟烃等，污染了人们呼吸的空气，还导致酸雨增多、气温升高、臭氧层破坏，直接危及人类和地球生物的生存；

　　此外，还有物种灭绝、垃圾成灾、噪声扰人等问题，后果也都十分严重。

　　面对这些环境问题怎么办？我们既不能悲观失望，也不能束手无策，必须正视它，解决它。要防止和治理环境污染与生态破坏，必须要有武器，这武器之一就是环境工程技术。

我们这本书里向你展示的虽然只是环境工程技术的一小部分，但是也足以说明，环境问题终归是可以解决的，只要大家共同努力，前途一定是光明的。

欢迎广大青少年读者和专家对本书提出宝贵意见，以便我们今后改进。

袁清林

1999 年 10 月 19 日于北京